マイクロ
コンピュータ入門

高性能な8ビットPICマイコンの
C言語によるプログラミング

モシニャガ ワシリー

森元 逞

橋本 浩二

著

共立出版

まえがき

　マイコンはマイクロコントローラまたはマイクロコンピュータの略である．近年，マイコンの低価格化・高性能化が進み，各種産業用ロボット，事務機器，医療機器，自動車，家庭用電気製品など，極めて多くの機器や装置（これらを「組み込みシステム」と呼ぶことにする）に組み込まれて利用されている．今後はさらに，センサーネットワークや，インターネットに接続して使用される機器類（これらはいわゆるIoT：Internet of Things を構成する機器となる）まで，これまで以上に多様な領域へ拡大していくものと思われる．

　組み込みシステムの開発技術者をめざすには，マイコンの学習が欠かせないのはもちろんである．しかしマイコンの学習はこれだけに限定されるわけではない．マイコンは小さくとも完全なコンピュータであるから，動作させるにはハードウェア，ソフトウェア（プログラム）双方の知識が必要になる．またマイコンには，スイッチやLEDなどの単純な部品だけでなく，各種センサー（温度センサーなど），アクチュエータ（モータなど），さらには自分以外のマイコンやパソコンなど（これらをまとめて「周辺デバイス」と呼ぶことにする）も接続することができるが，そのためにはこれら周辺デバイスの特性や具体的な接続・制御法（これを「外部接続インタフェース」と呼ぶことにする）についての知識も必要になる．そこで，マイコンを学習することにより，ハードウェア，ソフトウェアの相互関係や周辺デバイス・外部接続インタフェースなどを総合的に理解することができる．これが多くの大学等でマイコンを対象とした講義や学生実験が実施されている理由の一つと言えよう．さらには，マイコンは高性能なコンピュータに比べてシンプルでかつ安価であるから，個人でも手軽に購入したり，取り扱ったりすることができる．このため，多くの人がホビーとしてマイコンを用いた電子工作を楽しんでいる．

　これまでもマイコンについて種々の解説書などが出版されている．しかし残念ながら，それらの多くは特定の応用システムの作成方法を紹介することに主眼が置かれ，マイコンの技術を網羅的に解説しているものはあまり見当たらない．一方，最近はArduinoやRaspberry Piを取り扱った書籍も多く出版されている．しかし前者では，周辺デバイスとの接続はあらかじめ用意されたシステム関数を介して行うようになっているため，種々の周辺デバイスを接続した応用システムの試作などには便利であるが，反面マイコンの動作原理や外部接続インタフェースを学習するのに適しているとは言い難い．また後者は，システム全体がLinuxで制御されているので，マイコンではなくパソコンの類と言える．

　本書では，米国のマイクロチップ・テクノロジー社（Microchip Technology Inc.：以下マイクロチップ社と略す）のPICと呼ばれる汎用性の高いマイコンを題材としている．このPICマイコンはシンプルで安価であるというだけでなく，高機能・高性能・低消費電力などの特徴があり，現在も数多くの機器や装置に実際に組み込まれて利用されている．

本書は，単にマイコンの使用方法だけでなく，先に述べたようなマイコンの動作原理や外部接続インタフェースなどを学習しようとする学生や技術者を対象としており，以下のような特徴がある．

（1）ミドルレンジ性能であるが高機能なPICマイコンを題材

マイコンとして多くのメーカから種々の機種が市販されているが，その基本的な動作原理にそれほど大きな差はない．また外部接続インタフェースは標準化が進んでいるため，機種にはあまり依存しない．そこで本書では，数多くあるPICの中からミドルレンジの性能でかつ種々の機能を持ち，また比較的手軽に扱える18ピン，8ビットマイコンであるPIC 16F 1827を題材としている．

（2）マイコン機能を使用例で説明

マイコンのもっとも基本機能であるディジタルI/Oやタイマ機能だけでなく，近年のマイコンでは標準的に装備されつつあるUSART機能，AD変換機能，CCP機能，MSSP機能およびそれらの外部接続インタフェースなどについて説明し，あわせて具体的な使用例をしめしている．

（3）マイコン動作の基本原理の学習としても最適

各機能について，まず基本的な動作原理を説明し，また周辺デバイスとの具体的な接続方法やプログラム例を掲載している．さらにプログラムリストには詳しい解説を付けている．これらにより読者は各機能を基本原理も含めて深く理解することができる．

（4）マイコンで最近主流になっているC言語を使用

マイコンのプログラミング言語は近年C言語が主流となりつつある．そこで本書ではマイクロチップ社から無料で提供されているXC8コンパイラ版のC言語を用いている．

（5）理解を深めるための章末課題を用意

読者の理解を深められるよう，各章ごとに演習問題を用意している．また解答には必要に応じて補足説明を付けている．

本書は，工学・理学系の大学・高等専門学校の学生およびこれからマイコンを学習しようとしている情報系技術者などを対象としている．学習に当たっては，本文で記述されている内容を理解するだけでなく，演習問題に積極的に取り組んで欲しい（ただし多少高度な問題については問題番号にアスタリスクを付しているので，場合によっては対象外にしても良い）．

先にも述べたように，マイコンの良い点は個人レベルでも手軽に取り扱えることにある．そこで，本書で掲載したシステムなどを自作し，実際に動作させてみて欲しい．そうすることにより，マイコンに対する理解が一層深まり，またマイコンを使う楽しさを実感して貰えるものと思う．

2022年2月

著者一同

目　次

4章 I/Oポートと基本的なディジタルI/O処理　39

5章 7セグメントLEDへの数字の表示　51

1章 PICマイコンの概要

PIC Microcontroller:An Overview

1.1 マイコンとは

マイコンは**マイクロコントローラ**(Microcontroller)または**マイクロコンピュータ**(Microcomputer)の略である．マイコンは，現代社会では以下のように各種の分野で幅広く利用されている．

- ●**家庭用電気・電子機器**：洗濯機，掃除機，電子レンジ，カメラ，TV，リモコンなど
- ●**事務，産業用機器**：FAX，コピー機，プリンタ，各種産業用ロボットなど
- ●**車**：燃料噴射制御，エンジン点火制御，パワーステアリング，ブレーキシステム，パワーウィンドウなど

マイコンはこれらの機器に組み込まれ，それらの機器の動作を制御するために用いられる．物理的な電子回路を用いる方法に比べると，マイコンはプログラムに基づいて動作するのでかなり複雑な処理を実現でき，また機能変更や新規機能の追加などが柔軟に行えるという大きな利点がある．たとえばスイッチを押してLEDを点灯するという簡単な回路を考える．マイコンを使用しない場合は図1.1のような回路になる．LEDとスイッチ，抵抗だけの簡単な構成である．スイッチを押せばLEDが点灯する．しかしこの回路でLEDを10回点滅させるにはスイッチを10回押さなければならない．もし1回のスイッチ押下で自動的に10回点滅するようにしたいのであれば，元の回路の数十倍ほどの複雑な回路を組み込む必要がある．一方マイコンを用いる場合の回路は図1.2のようになる．ほぼ図1.1とおなじくらいの簡単な回路である．そしてスイッチが押されたら，一定時間ごとにLEDを10回点滅させるようにマイコンのプログ

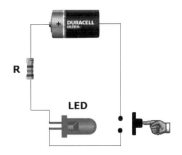

図1.1 マイコンを用いないLED回路

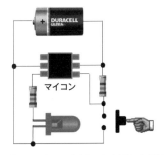

図1.2 マイコンを用いたLED点灯回路

ラムを作成すればよい．このようにマイコンを用いれば，プログラムの作り方次第で多様な機能を容易に実現することができる．これが多くの電子機器や組み込みシステムでマイコンが用いられる理由である．

1.2 マイコンとマイクロプロセッサの違い

　マイコンの母体となった「マイクロプロセッサ」と呼ばれる集積回路(IC：Integrated Circuit)が世に出たのは，1971年のIntel 4004という4ビットのプロセッサが最初であった．4ビットから始まったマイクロプロセッサは，8ビットになって市場で広く使われるようになるとさらに性能向上が強く求められるようになり，またこの間の半導体・IC技術の飛躍的な発展を背景に，16ビット，32ビット，64ビットと，急速に高性能化・高集積化が進み，矢継ぎ早に新製品が開発されてきた．

　その過程において，マイクロプロセッサはパソコン(以下PCと略す)を主な用途とする「高性能なマイクロプロセッサ」と，「もっと小型で安価，高機能なものを求めるマイコン」に分化して開発が進められるようになった．(用語が一部重複するため読者は多少混乱するかもしれないが，これより以下では，前者の高性能なマイクロプロセッサを単に「**マイクロプロセッサ**」と呼び，後者の小型安価なプロセッサを「**マイコン**」と呼ぶことにする)．以下ではマイコンを理解する一助とするため，マイクロプロセッサとマイコンの違いについて説明する．

　PCなどに用いられるマイクロプロセッサは，一枚の半導体ICにコンピュータの中央演算処理装置(CPU: Central Processing Unit)を実装したものであり，コンピュータとして動作させるには，他のいくつかの装置を追加する必要がある．たとえば，PCは，図1.3にしめすように，CPU，ROM (読み出し専用メモリ)，RAM (読み書き用メモリ)，入出力インタフェース，など，それぞれの機能に特化したICをバスで相互に接続し1つのシステムとして組み立てたものとなっている．一方マイコンは，図1.4のように，1つのICの中にCPU，ROM，RAM，入出力などの動作に必要なすべてのハードウェアを実装した「**ワンチップコンピュータ**」である (このため「**ワンチップマイコン**」と呼ばれることもある)．あらかじめプログラムを書き込んでおけば，電源に接続するだけで直ちに動作させることができる．このように，マイコンを使うことでシステムの構築に必要な工程と実装容積を大幅に節約できる．

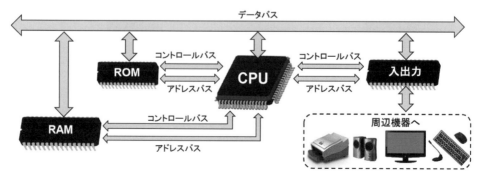

図1.3　一般的なパソコンの構成

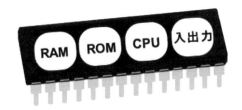

図1.4 ワンチップマイコンの構成

　さらに，マイクロプロセッサは汎用のデータ処理を行うためのものであり，高性能化が最も優先されるのに対し，マイコンは機器に組み込んで使用されるので，機器における外部信号に対し，決められた処理を実時間で，それもなるべく低コスト，低消費電力で実行することが重要な目標となる．

　次の相違点は，内部構成である．近年のマイクロプロセッサでは処理性能の向上のため，浮動小数点演算，乗算，命令スケジューリング，分岐予測，多様な命令と大容量のキャッシュメモリ(cache memory)，メモリのロード・ストア機能の高速化，仮想メモリ管理，などの機能を実現しており，非常に複雑な構成となっている．また命令ビット長は32～64ビット，クロック周波数は数百MHz～数GHz，キャッシュメモリ容量は数MB～数GBであり，電力の消費量は非常に大きい．またランダムに発生する各種要求に応じて種々のプログラムが実行されるから，プログラムはHDDなどの2次記憶装置に格納しておき，起動時に主メモリにロードして実行する方式が採用される．さらに多量のデータを処理するようなプログラムもあるため，数GBの主メモリや数GB～数TB規模の2次記憶装置が実装されることが多い．

　一方，マイコンの構成はかなりシンプルである．図1.5にマイコンハードウェアの基本的な内部構成をしめしている．マイクロプロセッサと比較した場合のマイコンの機能的な特徴について，以下で少し詳しく説明する．

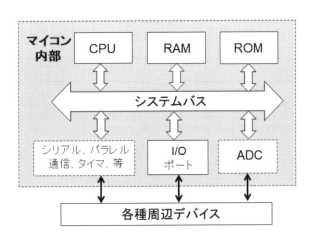

図1.5 マイコンハードウェアの基本構成

(1) クロック周波数

　一般にコンピュータでは，すべての内部回路はクロック[注1]と呼ばれる周期的なパルス信号により同期をとって動作する．クロック信号の周波数を**クロック周波数**と呼ぶが，クロック周波数が高いと高速な処理が行える．そこでパソコンなどでは数GHzとしたものが多い．しかしクロック周波数が高くなると消費電力も大きくなる．一方，マイコンではそれほど高速な処理は必要なく，逆に消費電力は少ないほうが望ましい．そのためマイコンのクロック周波数は最大でも数10MHzである．

(2) メモリ構成

　マイコンで動作させるプログラムは半固定的であり，あまり入れ替える必要が無い．また電源が投入されたら直ちに処理を開始する必要がある．そこで，プログラム用のメモリとデータ用メモリは別々になっている．一般にこのような構成は**ハーバード・アーキテクチャ**と呼ばれているが，ハーバード・アーキテクチャでのプログラムメモリはROM(Read Only Memory)で構成されており，書き込みは特別な処理により行う．また1つの命令を格納するのに1バイト（8ビット）では足りないため，機種によっても異なるが，命令長は12ビット〜14ビットとなっている．（なお最近の最上位マイコンでは32ビット長となっているものもある）．なおこの12〜14ビットを1単位として**ワード**と呼ぶが，中規模マイコンのプログラムメモリ量は数kワード程度である．一方，データメモリはRAM(Random Access Memory)で構成されているが，その容量はかなり小さい（中規模マイコンでは数100〜数kバイト程度）．これはマイコンでは多量のデータを使用した処理を行うことはない（言い換えれば，そのような応用分野は対象としていない）ためである．

(3) 入出力

　PCなどでは極めて多様な入出力装置が接続され，またその制御インタフェースは，下位の（電圧などの）物理インタフェースから上位の論理的インタフェースまで何層も積み重ねて実現されている．これに対しマイコンに接続されるのは，電子部品（例えばスイッチやLED）や各種センサー，通信信号線など，比較的単純なインタフェースのものが多い．そこでマイコンでは基本的なオン／オフ制御を行える**I/Oポート**と呼ばれる入出力端子（GPIO：General Purpose I/Oと呼ばれることもある）が用意され，これに直接外部機器を接続する方法が採られている．なおマイコンの応用分野の拡大にともない，最近の多くのマイコンではAD(Analog-to-Digital)変換機能やシリアル通信機能などを取り入れつつあるが，いずれもI/Oポートを基本とし，その上にこれらの機能が実現されている．

　さらに，前述したようにPCなどのマイクロプロセッサは電源につないだだけでは全く動作せず，主メモリやHDDなどをバス経由で接続して，初めて動作できるようになるのに対し，マイコンは1つのチップにメモリも含めて実装されているため，電源に接続すれば直ちに動作する（ただし当然のことながら，あらかじめプログラムを書き込んでおく必要がある）．これもマイクロプロセッサとマイコンの相違点の1つと言えよう．

注1　システム内にはその他にも色々の目的用に種々のクロックがある．これらと区別するため，このクロックのことを特にシステムクロックと呼ぶこともある．

(4) OSの存在

PCなどの汎用プロセッサでは, 計算処理, 文書作成, 図や画像の処理, 通信, シミュレーションなどのアプリケーションソフトウェア (以下では単にアプリケーションという) を複数個同時に走行させることができる. この同時走行 (マルチタスキング) を制御するのがオペレーティングシステム (OS : Operating System) である. OSは各タスクにCPU (マイクロプロセッサ) 資源やメモリ資源を割り当てたり, 周辺装置や通信回線との入出力を集中的に管理する.

一方, マイコンでは固有のプログラムを動作させるのが目的であるから, OSのような複雑な管理機能は必要ない. ただし, 各種イベント (入出力ピンがオンになった, など) の際に素早く対応できるよう割り込み処理が用意され, これを活用してプログラムの起動を制御することになる.

(5) 低消費電力

マイクロプロセッサは消費電力が大きい. またそれに伴って発熱量も多くなり, ファンなどの冷却装置が必須である. しかしファンはモータを内蔵する部品なので故障の原因になり, またモータの動作音や風切り音などが発生してしまう.

一方, マイコンは各種機器に組み込まれて使用されることが多いため, 消費電力は小さいことが重要である. 最近のマイコンでは通常動作時で数10mA, スリープモードでは数μAで動作できるようになっている. これにより, うまく設計すれば乾電池等のバッテリで数週間〜数ヵ月間動作させるようにすることもできる.

(6) 低価格

PC用のマイクロプロセッサでは, 高性能のものは1個数千円〜数万円の価格で販売されている. 組み込み対象の家電製品自体が数万円であるとすると, そこへ同程度の値段のマイクロプロセッサを使用することはとてもできない. もっと安価な部品が必要となる. マイコンは, 1個数百円で入手することができるので, 家電製品などに幅広く使われている. また1.1節でも述べたようにマイコンを使用することにより全体の回路をコンパクトにすることができ, 全体として製品の大きさや価格を抑えることができる.

表1.1はマイクロプロセッサとマイコンの主な相違点をまとめたものである. 安価なマイコンは, 目的に応じたプログラムを実装することにより, 極めて多くの用途に使用できる. たとえば, 環境温度を測定してモータのオン／オフを行うような目的に使用することができるし, また一定時間ごとに温度情報を収集してホストへ送信するような小さなフロントエンド・コンピュータのように使用することもできる. さらには, 作成するには複雑すぎるような電子回路の代わりに, これと等価な機能をマイコンで実現し, より大きな電子回路の一部に組み込むこともできる. 本章の最初にも述べたように, マイコンは家電製品をはじめ産業機器や車など多くの機器に組み込まれており, これらの機器の「インテリジェンス」を担当しているといえる.

現在, 市場には様々なマイコンが存在する. メーカごと, 機種ごとに具体的な仕様は多少異なるが, 機能的にはそれほどの差異は無い. そこで本書では, マイクロチップ社のPIC (ピックと読む) と呼ばれる汎用性の高いマイコンを題材に取り上げ, 説明を行うことにする. このマイコンは, 現在世界で最も幅広く使用されているマイコンの1つである.

●**表1.1**　マイクロプロセッサとマイコンの相違

項目	マイクロプロセッサ	マイコン
外形サイズ	35 × 35 mm 〜 50 × 50mm	3 × 3 mm 〜 20 × 20mm
ピン数	1,000 〜 2,000ピン程度	6 〜 150ピン程度
クロック周波数	1GHz 〜数GHz	数10kHz 〜 数10MHz
CPUビット幅	32, 64ビット	8, 16, 32ビット
CPUコア数	2個〜 16個	1個〜 2個
内蔵モジュール	大規模データ処理用が主. 浮動小数点演算器, 乗算器, キャッシュメモリ, 命令予測, 仮想メモリ管理, 等	制御用が主. メモリ, 周辺モジュールすべて内蔵, カウンタ, アナログ入出力機能内蔵
用途	パソコン, ワークステーション, 各種サーバー, スマートフォン	家電, おもちゃ, ロボット, 車載機器制御, 産業用制御システム
消費電力	50W 〜 150W	10mW 〜 200mW
価格	数千円〜数万円	百円〜千円

1.3　PIC マイコンとは

　PICとはPeripheral Interface Controllerの頭文字をとってつけられた名前である. 名前から分かるように, 元々はコンピュータ周辺装置のインターフェイス・コントローラとして開発されたものであるが, 次第に種々の分野で利用されるようになった. 一方, 適用領域の拡大に伴い, PIC自身も機能拡張や種々の機種の品揃えなどが行われ, 現在では極めて多くの分野で使われている. その結果, これまでに世界各国で延べ150億個以上使用されていると言われている. なお日本には1995年頃に紹介された.

　PICマイコンは小型パッケージとして実装されているが, そこにはCPUやI/O, プログラムメモリ, データメモリ, タイマ／カウンタなどの基本的な機能の他に, 機能モジュール注2と呼ばれる各種機能, 例えばアナログ信号をディジタル信号に変換するAD変換(ADC), コンパレータ, シリアル通信インタフェースなども搭載されており(ただし機種に依存する), 汎用性に富んだワンチップマイコンとなっている. プログラムROMはフラッシュメモリなので, 何度でも(ただし上限は1,000回程度)プログラムを消去したり書き替えたりすることが可能なので, 安心してテストやデバッグができる. また, PICマイコンは命令数がわずか35個〜75個しかないが, 逆にこの簡単さがPICを使いやすくかつ安価なものにしている. さらに, PIC用のプログラム統合開発環境(MPLAB X IDE)がメーカから無料で提供されているので, パソコンが1台あれば誰でも開発環境を整え, アセンブリ言語またはC言語でプログラムを作成し, さらにはIDEに組み込まれているシミュレータを用いて簡単なデバガや動作確認を行うことができる.

　このようにPICが安価であること, 手軽に使用できること, さらには非常に小さな(いわゆるマイクロな)コンピュータとして動作させることができるので, 個人のホビー用や教育用教

注2　各機能モジュールの概要については2章参照.

材としても高い人気を得ている。ちなみにPICはインターネットでの通信販売などで容易に入手できる。

1.4 PICマイコンの種類

現在リリースされているPICマイコンには，命令ビット長により大別すると，12ビットファミリ，14ビットファミリ，16ビットファミリ，24ビットファミリがある。さらに最近では，32ビットファミリもリリースされている。これらファミリの一覧と特徴は，図1.6のようである。

■ PIC10とPIC12ファミリ

6ピン〜8ピン程度の小さなマイコンで，必要最小限の機能に絞ることにより価格を低く抑えたPICファミリである。

■ PIC16ファミリ

8ピンの小型のものから40ピンのものまで数多くの種類がある。AD変換モジュールや，モータなどの回転速度制御に使うパルス幅変調(PWM)制御モジュールなどを内蔵したものもあり，コスト・パフォーマンスを重視したマイコンファミリである。

■ PIC18ファミリ

8ビットデータ幅におけるPICマイコンの中で高速で最も高性能なファミリである。PIC16のアーキテクチャよりも拡大した機能と，USBモジュールやイーサネットモジュールなどが追加されているのがこのファミリの特徴である。命令セットやクロック周波数，メモリ容量，機能モジュールなどが拡張されているが，価格は低く抑えられている。

■ PIC24ファミリ

24ビット命令長，16ビットデータ幅の命令セットアーキテクチャに基づいており，一般用のPIC24シリーズと，ディジタル信号処理(DSP : Digital Signal Processing)を主な目的とするdsPICシリーズから成る。このファミリのマイコンは命令セットに多くの高度な命令があってオブジェクトコードの最適化ができるので，PIC18より高速動作が可能である。さらにdsPICにはDSP機能が内蔵されており，高速AD変換，FFTなどの周波数分析，各種フィルタの作成などが可能であり，多様なディジタル信号処理分野への応用が可能となっている。

■ PIC32ファミリ

PICの最上位に位置付けられるファミリであり，IoT，リアルタイム処理，GUIなどへの適用を目標とした32ビットのマイコンファミリである。命令セットを業界標準のMIPSマイクロプロセッサの命令セットとし，浮動小数点乗除算器，高度なアナログおよび接続周辺機器，キャッシュメモリ，画像処理ユニット(GPU)，高速AD変換，ダイレクトメモリアクセス機能などが搭載されている。さらに，超低消費電力を目的としたeXtreme Low Power(XLP)技術が実現されている。

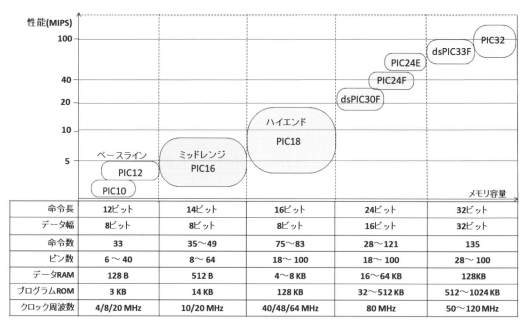

図1.6 PICマイコン

命令長	12ビット	14ビット	16ビット	24ビット	32ビット
データ幅	8ビット	8ビット	8ビット	16ビット	32ビット
命令数	33	35〜49	75〜83	28〜121	135
ピン数	6〜40	8〜64	18〜100	18〜100	28〜100
データRAM	128 B	512 B	4〜8 KB	16〜64 KB	128KB
プログラムROM	3 KB	14 KB	128 KB	32〜512 KB	512〜1024 KB
クロック周波数	4/8/20 MHz	10/20 MHz	40/48/64 MHz	80 MHz	50〜120 MHz

● 演習問題

1.1 ワンチップマイコンとは何か？

1.2 以下はマイコンとマイクロプロッセッサの一般的な特徴の比較について述べたものである．正しいものはどれか？

① マイコンのメモリ量はマイクロプロセッサより小さい
② マイコンのクロック周波数はマイクロプロセッサより高い
③ マイコンの性能はマイクロプロセッサより高い
④ マイクロプロセッサの消費電力はマイコンより大きい
⑤ マイコンのピン数はマイクロプロセッサより多い

1.3 マイコンが8ビットであるという場合，8ビットとはどの値をさすか？

(a) データ幅　　　(b) 命令長　　　(c) アドレス長

1.4 PICマイコンを用いる利点を3つ以上挙げよ．

2章 PIC16F1827の構成と動作

PIC16F1827:Configuration and Operation

2.1 概要

　PIC16F1827は8ビット，18ピンのマイコンであり，PICマイコンの中でも最も人気のあるものの1つである．マイコンチップ自体は4×4mm程度でかなり小さい．しかしチップのままでは取り扱いができないため，リード線を取り付けて密閉（すなわちパッケージ化）する必要があるが，パッケージ化にも色々な方法がある．実製品に組み込むにはなるべく小さくコンパクトにした方が良いが，一方PICを組み込んだ回路を試作したり各種試験を行う場合は人手で容易に取り扱える程度のサイズや形状の方が良い．そこで図2.1のような数種のパッケージ製品が出荷されている．左2つのQFN(Quad Flat Non-leaded Package) 型やSOIC(Small Outline Integrated Circuit)型のものは実製品への組み込み用である．一番右のDIP(Dual Inline Package)型のパッケージは汎用ボードやブレッドボードにも接続できるようなピン間隔となっており，また人手でも容易に取り扱える大きさである．本書でも，具体的なシステムを作成する際はこのDIPパッケージのPICを用いる．なおパッケージの外観は異なっても，内部に使用されているマイコンチップは同一であり，したがって機能的には全く同じである．

QFN型
(4.25×4.25mm)

SOIC型
(7.4×5mm)

DIP型
(22.3×7.6mm)

図 2.1　PIC16F1827 の外観

2.2 PIC16F1827マイコンの構成

　DIP型PIC16F1827マイコンのピン配置を図2.2にしめす．V_{DD}注1は電源接続用，V_{SS}は接地用である．その他のピンには名前（ラベル）がついているが，これは，そのピンに割り振られている機能をしめすものであり，例えばRAnやRBn（nは数字．以下同様）はディジタル信号の入出力用，ANnはアナログ信号の入力用，またCCPnはCCP (Capture Compare and PWM)

注1　ドレーンの電位であることをしめすため，DD を下付き文字として添付する．同様に V_{SS} はソースの電位であることをしめす．なお回路図など下付き文字が使用できない箇所では VDD や VSS のように記している．

の信号出力用という意味である．1つのピンに複数のラベルがついているものは，プログラム
の初期設定で，どの機能として使用するかを指定する．なお各ピンにはさらに多くの機能も割
り当てられているが，図2.1では主要なもののみを記している．各ピンの機能の具体的な使用
方法については後段の章で順次説明する．

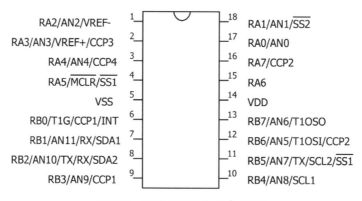

図2.2 PIC16F1827 のピン配置

　図2.3にマイコンの内部構成の概要をしめす．基本的な構成要素として，中央処理部(CPU)
をはじめ，メモリや入出力ポート，多数の周辺機能モジュール，クロックジェネレータ回路な
どが含まれている．1章でも述べたように，PICマイコンはハーバード・アーキテクチャを採
用しており，データ用のRAMメモリとプログラム用のROMメモリが別々になっている．ま
たCPUとは別々のバスで接続されている．

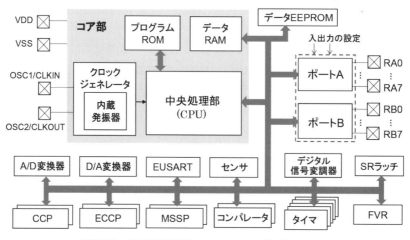

図2.3 PIC16F1827 マイコンの内部ブロック図

　CPUは，Cコンパイラに最適化したRISC (Reduced Instruction Set Computer)アーキテク
チャが採用されている．命令セットは49命令あり，命令幅は14ビット（これを1ワードという）
である．プログラム格納用のROMメモリは不揮発性であり，電源を落としても記憶内容は消
えない．これにより次に電源がオンになった時にプログラムを再ロードする必要が無く，直ち
に処理を開始することができる．なおプログラムを本メモリに書き込むには専用のライターを
用いる必要がある．

　プログラムで使用する変数などを割付けるデータ用メモリはRAMメモリであり，PICでは**ファイルレジスタ**と呼ばれている．この領域は8ビット（1バイト）を単位として管理される．またPICではこのメモリの一部にシステム全体の制御レジスタや種々の機能を制御するための**特殊機能レジスタ**（SFR：Special Function Register）なども割り当てられている．残りの領域がプログラムで自由に使用できるメモリ領域であり，PICでは汎用レジスタと呼ばれている．

　以上のメモリの他に不揮発性メモリであるEEPROM (Electrically Erasable Programmable Read-Only Memory) が用意されている．これは例えば，埋め込まれた機器のシリアル番号を書き込んだり，テレビ／オーディオ機器に用いる場合に現在のチャネル番号や音量を記憶しておくなどの用途に使用することができる．ただしその容量は少なく，せいぜい数100バイトである．

　クロックジェネレータでクロックが生成されるが，その発振器として内臓の発振回路（**内部オシレータ**）を用いても良いし，水晶やセラミックの発振子を外付けしても良い．さらには外部機器からクロック信号を入力しても良い（以降，後の二者をまとめて**外部オシレータ**と呼ぶ）．各オシレータそれぞれに長所，短所があるが，用途に合わせたものを選ぶようにする．クロック周波数の範囲は31 kHz ～32 MHzであるが，1章で述べたように周波数が高くなると消費電力も高くなることに注意する必要がある．具体的な周波数の設定方法については3章で述べる．なおPIC16F1827の駆動電圧は1.8V～5.5Vであるが，さらに低電圧で動作するよう設計されたPIC16LF1827は1.8V～3.6Vで動作する．

　入出力ポートA, Bは周辺デバイス接続のための機能ユニットであり，RA0～RA7の8ピン，RB0～RB7の8ピンが入出力用として使用できる．

　マイコンの最も基本的な機能はピンを単位としたディジタル信号の入出力であるが，PIC16F1827ではこれに加え，近年のマイコンで一般的になりつつある各種拡張機能が組み込まれている．図2.3においてバスでつながれた複数のボックスがそれである．これらは**機能モジュール**と呼ばれている．機能モジュールの一覧と機能概要を表2.1.にしめす．なおこれらのうち主要なものは，使用例の欄に記述しているように他の章で詳細な説明を行なっているので，そちらを参照して欲しい．

表2.1　PIC16F1827 の機能モジュールの概要

項番	モジュール	機能	使用例
1	タイマ0	8ビットの最も基本的なタイマである．命令クロックまたは外部信号でカウントアップされる．256までプリスケールすることができる．またオーバフロー時に割り込みを発生させることができる．	使用例については，それぞれ以下のような章を参照のこと． タイマ0, タイマ1：7章 タイマ2タイプ：11章 （注）タイマは歴史的な慣例により名前が付けられている．そのためタイマ3, タイマ5などは存在しない．
	タイマ1	16ビットのタイマである．タイマ0より長い時間で動作させることができる．また時計用の32kHzのクリスタルオシレータを使用すれば，正確なリアルタイムクロックを作成することができる．	
	タイマ2タイプ（タイマ2, 4, 6）	主にコンパレータ，PWM用に用意された8ビット長のタイマである．	

2	A/D変換器 (ADC：Analog to Digital Converter)	アナログ入力ピンに入力されたアナログ電圧を読み取って10ビットのディジタル値に変換する．12チャネル用意されている．	温度センサー，気圧センサー，加速度センサーなど，各種アナログセンサーを接続できる．温度センサーの例は10章を参照のこと．
3	D/A変換器 (DAC：Digital to Analog Converter)	5ビットのディジタル値をアナログ電圧に変換し，アナログ出力ピンに出力する．	各種波形（正弦波，三角波など）を生成することができる．ただし入力値は5ビットで表現されるため，精度はあまり良くない．
4	定電圧参照 (FVR：Fixed Voltage Reference)	ADC, DAC, CPSなどの参照電圧として，V_{DD}とは独立な電圧を給電することができる．	ADCでの使用例は10章を参照のこと．
5	ECCP/CCP (Enhanced) Capture/Compare, PWM	CCPとして，以下の3種の機能が使用できる． 　Capture：外部からの信号が入力されたときのタイマ1の値を読み込む． 　Compare：指定した値とタイマ1の値を比較し，一致したらその旨のイベントを発生させる． 　PWM：指定されたデューティ比を持つ周期的なパルスを発生させる． ECCPはPWM機能にいくつかの機能拡張が行われている．	Capture：周波数カウンタなど． PWM：モータの回転速度制御（11章参照），パルス幅変調など．
6	同期・非同期シリアル通信 (EUSART：Enhanced Universal Synchronous Asynchronous Receiver Transmitter)	UART/USARTでは調歩同期式などの標準的なシリアル通信を実現することができる．EUSARTではUART/USARTにいくつかの機能拡張が行われている．	UARTによるパソコンとの通信（9章参照）
7	マスター同期型シリアル通信 (MSSP：Master Synchronous Serial Port)	他マイコンや周辺装置との間で，高速シリアル通信(SPIまたはI²C)を行うことができる．	SPI：他マイコンや外付けEEPROMとの高速通信 I²C：センサーデバイスとの高速通信（12章参照）
8	静電容量変化検知 (CPS：CapSense)	タッチセンサーを実現するための機能である．ピンに接続されたパッド（金属板など）をタッチすると静電容量が変わり，これにより内部のオシレータ（静電容量変化検出用）の周波数が変化するので，その変化を検知する．	タッチ操作を感知
9	SRラッチ	セット／リセット(SR)ラッチを構成することができる．セット，リセット入力信号として，外部信号，コンパレータ出力，ソフトウェアからの指示などを使用することができる．結果はSRピンに出力される．	複雑なロジック回路 (CLC：Complex Logic Circuit)の作成
10	ディジタル信号変調器	データ信号と搬送波信号のANDを行うことによりディジタル変調（モジュレーション）を行う．搬送波信号としてはCCPのPWM信号，外部信号，またデータ信号としてはCCPのPWM信号，コンパレータ出力信号，ソフトウェアからの指示などが使用できる．	FSK, PSKなどのディジタル変調

2.3 コア部の内部構成

図2.3において網掛けされたマイコンのコア部を詳細にしめすと図2.4のようになる．コア部は，上で述べたプログラムROM，データRAM，クロックジェネレータの他に，次のようなコンポーネントからなる．

- **プログラムカウンタ(PC：Program Counter)**：次に実行する命令の番地を管理する15ビットのレジスタである．プログラムメモリ内の，PCで示される番地の命令が次に実行される命令である．電源の投入，あるいはリセットにより，PCは0になる．

- **命令レジスタ(Instruction Register)**：プログラムメモリから読み出された命令を保存する14ビットのレジスタである．

- **命令解読・制御回路**：命令レジスタに読み込んだ命令を解読し，命令実行に必要な制御信号を発生して各構成ブロック(バスやレジスタ，演算器，メモリ，入出力機能モジュール，など)へ送出することにより命令を実行する．

- **セレクタ**：制御信号に基づいて，複数の入力から1つを選択する回路である．

- **ALU(Arithmetic Logic Unit)**： 8ビットの算術論理演算器である．

- **W-regレジスタ**：ワーキングレジスタ(Working Register)と呼ばれるもので，ALUで行われる演算結果を一時的に保存する8ビットのレジスタである．演算や転送命令ではW-regが使用される．例えば，2つのデータの内容を加算する場合，1つのデータの内容をW-regレジスタに移動し，他のメモリ上のデータと加算する．またデータメモリ間の転送命令はW-regレジスタ経由で行われる．さらに，W-regレジスタに保存されたデータを各種レジスタに格納して他の処理に活用したり，I/Oポートに出力したりする．

- **スタック**：サブルチンコールと割り込みの際，プログラムの戻り番地（PCの内容）を格納する16レベルのレジスタ群である．C言語でプログラムを作成する際に，関数（サブルーチン）の呼び出しは，16レベルより深くはできないことに注意する必要がある．なおスタック内容をプログラムから読み書きすることはできない．

- **セット・リセット機能ブロック**：このブロックはマイコンのオン／オフやリセットなどを制御するものであり，パワーオンリセット(Power-on Reset)，パワーアップタイマ(Power-up Timer)，ブラウンアウトリセット(Brown-out Reset)，発振器開始タイマ(Oscillator Start-up Timer)，暴走を回避する為のウォッチドッグタイマ(Watch Dog Timer)などの機能が含まれる．

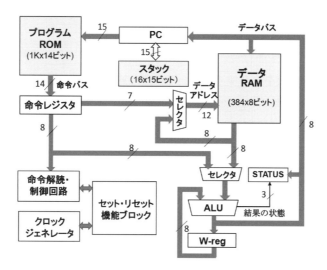

図2.4 PIC16F1827 のコア部の内部構成

2.4 命令実行の内部動作

1つの命令の実行は，次のようなステップで実行される．

- ●Q0（命令のフェッチ）：プログラムカウンタ(PC)が示しているプログラムメモリのアドレス（番地）から1つの命令が読み出され，命令バス経由で命令レジスタに書き込まれる．また，1命令の読み出しと同時にPCは1加算され，次の命令のアドレスを指すことになる．ただしジャンプ命令（BTFSCなどの分岐命令やGOTO命令など）では，PCの内容がジャンプ先のアドレスに書き換えられる．なお，電源がオンとなった時や，リセットされた時にはPCは必ず0とされ，その結果プログラムは最初に必ず0番地から開始される．

- ●Q1（命令の解読）：命令レジスタにフェッチされた命令は解読され，命令に対応した制御信号の発生とデータRAMのアドレス選択などが行われる．

- ●Q2（データの取り出し）：データRAMの内容を読み出す．

- ●Q3（命令の実行）：命令の種類により決められた演算がALUで実行される．例えば，加算命令であれば，ALUにはW-regレジスタの内容と**Q2**で読み出されたデータの両者が加算される．さらに，演算結果の状態（正負か，ゼロか，オーバーフローか，など）はデータRAMの**STATUS**レジスタに格納される．また，ある命令には，タイマや入出力ピンを動作させるのにSFRが使われる．

- ●Q4（結果の書き込み）：演算結果が，データRAMや入出力ポートに書き込まれる．

PICマイコンでは，Q0の命令フェッチに4クロックサイクル，Q1からQ4までの処理（これを命令実行と呼ぶ）に4クロックサイクル（Q1〜Q4の各々に1クロックサイクル）かかる．PICでは4クロックサイクルを1命令サイクルと呼ぶが，1つの命令のフェッチから実行が完了するまでには2命令サイクルかかることになる．しかしプログラム用メモリとデータ用メモリが独立しているので，図2.5にしめすように，内部的には実行処理と並行して次の命令のフェッチ

処理が行われており（これを**パイプライン処理**とよぶ），このパイプライン処理により1命令を**1命令サイクル，すなわち4クロックサイクルで処理できる**ことになる．ただしジャンプ命令実行時は，命令の先読みが無駄になり，命令フェッチをあらためてやり直す必要が生じるため2命令サイクル（8クロックサイクル）の実行時間がかかることになる．

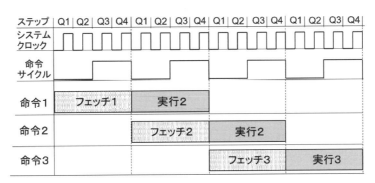

図2.5 PICパイプライン処理

2.5 メモリアーキテクチャ

PIC 16F 1827のメモリには，プログラムROM，データRAM，データEEPROMメモリがある．以下ではそれらのハードウェア的な特徴を述べる．

2.5.1 プログラムROM

1章でも述べたように，プログラムROMはフラッシュメモリであり，電源を落としても記憶している内容は消えない．また本メモリはワード（1ワード＝14ビット＝1命令）を単位として管理されている．さらにプログラムの書き込みや消去には専用のライター装置を用いる必要がある．なお書き換え可能な回数は1,000回までと規定されている．

(1) アドレッシング

プログラムカウンタ(PC)は15ビットであるから，プログラムのアドレス空間は最大$2^{15}=32$kワードであり，アドレスとしては0000_h〜$7FFF_h$の範囲をカバーできる．一方，ハードウェア命令長は14ビットしかないので，ジャンプ命令（GOTO命令やCALL命令など）内にジャンプ先のアドレス15ビット全部を記述することは不可能である．そこで，以下のようなアドレッシング方法が採られている．

- ジャンプ命令でのアドレス指定フィールドを11ビットとする．これにより$2^{11}=2$kワードの範囲をアドレッシングする．なおこの2kワードをページと呼ぶ．
- ページを指定するためのレジスタとしてPCLATHレジスタを用意し，このレジスタ内の4ビットでページ番号を指定する．すなわち図2.6のように，

  （PCLATHの4ビット）＋（ジャンプ命令内の11ビット）＝15ビット

でアドレッシングを行うことになる．（図2.6には最大アドレス空間である32kワード＝16ページ

での様子が描かれているが，実際にPIC16F1827に実装されているプログラムメモリ量は4kワード＝2ページであることに注意すること）

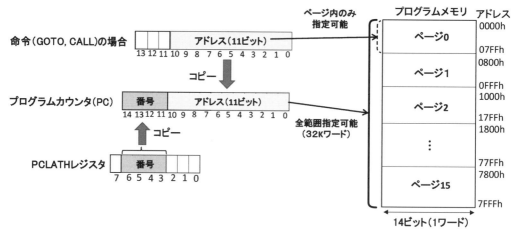

図2.6 プログラムROMのアドレッシング

以上のようなアドレッシング方式であるため，プログラムを作成する場合，1つのルーチンやサブルーチンは1ページ内に収まるようにし，また遷移先が別ページであればPCLATHに適切なページ番号を設定するようにしなければならない．なおC言語で作成する場合はコンパイラが自動的に判断し最適なコードを生成してくれるのでプログラマは意識する必要は無い．

（2）メモリマップ

PIC16F1827に実装されているプログラムメモリは4kワード，すなわち0000h番地〜0FFFh番地の範囲である．実装されていない領域にアクセスしようとすると，実装されたメモリ空間の先頭に戻る（1000hは0000hになる）ことになる（これをラップアラウンドという）．

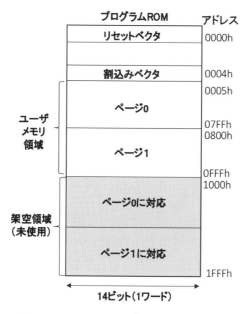

図2.7 PIC16F1827 プログラムメモリのマップ

図2.7にプログラムメモリのマップをしめすが，この図にもしめしているように，先頭の一部は以下のようにハードウェアとして特別な用途に使用される．

■ リセットベクタ（0000h番地）

電源電圧投入時やリセット，ウォッチドッグタイマ (Watch Dog Timer : WDT) のタイムアウト，その他の要因でリセットがかかった場合，プログラムはこの番地から走り始める．したがってここにはプログラムの実質的な開始地点へのジャンプ命令（GOTO命令）を記述しておく必要がある．

■ 割り込みベクタ（0004h番地）

タイマのオーバフロー割り込みや外部からの割り込みなど，何らかの割り込みが発生した場合は，常にこの番地の命令が実行される．したがってここには割り込み処理ルーチンへのジャンプ命令を記述しておく必要がある．

2.5.2 データRAM

PICでは，データRAMはファイルレジスタと呼ばれる（一般的な呼び方とは異なる点に注意すること）．

(1) アドレッシング

データのメモリ空間は最大で2^{12}＝4kバイト（1バイト＝8ビット），アドレスとしては000h〜FFFhの範囲をカバーできる．ただしハードウェア命令でデータアドレスを指定するフィールドが7ビットビットであるため，以下のようなアドレッシング方式が採用されている．

- 各ハードウェア命令では7ビット，すなわち2^7＝128バイトの範囲をアドレッシングする．またこの128バイトを**バンク**と呼ぶ．
- バンク番号をBSR（Bank Select Register）レジスタの5ビットで指定する．すなわち，図2.8にしめすように，

  （BSRレジスタの5ビット）＋（各命令内の7ビット）＝12ビット

でアドレッシングする．

なおC言語でプログラムを作成する場合は，バンクの切り替えはコンパイラが自動的に行なって（そのようなコードを生成して）くれるので，マイコンのプログラマはバンクについて意識する必要がない．（図2.8には最大アドレス空間である4kバイト＝32バンクでの様子が描かれているが，実際にPIC16F1827に実装されているデータメモリ量384バイト＝3バンクであることに注意すること）

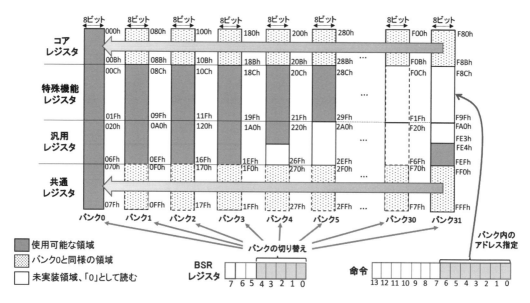

図2.8 データRAMの構成とアドレッシング

(2) メモリマップ

バンクの中身は次の4つの領域に分けられている.

■ コアレジスタ

この領域は，全てのバンクの最初の12アドレス（*00h/*08hから*0Bh/*8Bh）を占め，どの
バンクからアクセスしてもバンク0の領域にアクセスする．この領域にはCPUの状態をしめす
STATUSレジスタやプログラムカウンタ (PC)，W-regレジスタなどマイコンの基本的な動作
を制御するレジスタが配置されている．このコアレジスタ領域に配置されている主要なレジス
タ類を表2.2にしめす.

■ 特殊機能レジスタ (SFR : Special Function Register)

このレジスタ領域は，マイコン内の周辺機能の動作を制御するために使用するレジスタ群で
ある．これらのレジスタを用いて入出力ポートの設定，アナログポートの設定，タイミングジェ
ネレータの設定，タイマの設定，割り込みの設定，WDTの設定，ADCの設定，DA変換器設定，
CCP/PWM機能の設定，データEEPROMアクセス制御，などを行うことができる．このSFR
領域はデータRAMの*0Ch/*8Ch番地から*1Fh/*9Fh番地までの固定20バイトを占有するが，
各バンクで異なる内容が管理される．各SFRレジスタの詳細については，該当する周辺機能の
章で説明する.

■ 汎用レジスタ (GPR : General Purpose Register)注2

この汎用レジスタ領域は，変数などを格納する，いわゆるデータ領域として使用できる領域
である．各バンクに最大80バイトの汎用レジスタがある．なおこれらのレジスタがバンクごと

注2 一般のコンピュータでの「汎用レジスタ」と混同しないように注意すること．PICでは，一般の「汎用レジスタ」に対
応するものはW-regレジスタである.

に独立になっているため，80バイト以上の連続した領域が確報できない（ただし間接アドレス指定機能を使用すれば見かけ上80バイト以上の連続した空間の処理ができるが，詳細については本教科書の範囲を超えるため省略する）．

表2.2　コアレジスタ

名称	アドレス	機能	補足
STATUS	*03h	ALU状態とリセット状態レジスタ	CPUの動作を制御するための最も基本的なレジスタ
PCLATH	*0Ah	プログラムカウンタの上位バイト用レジスタ	この2つを合わせたものをプログラムカウンタ(PC)と呼ぶ．実行する命令のアドレスが格納されている
PCL	*02h	プログラムカウンタ下位バイト用レジスタ	
BSR	*08h	バンク選択レジスタ	
WREG	*09h	W-regレジスタ	演算するデータを一時的に格納するレジスタ
INTCON	*0Bh	割り込み制御レジスタ	割り込み可／不可の指定
FSR0H/L	*05h	RAM間接アクセス用のアドレスレジスタ0	間接アドレス指定用であり，FSR0HとFSR0Lの合計16ビットでRAMのアドレスを指定する（詳細な説明は省略．以下同様）
FSR1H/L	*07h	RAM間接アクセス用のアドレスレジスタ1	同上
INDF0	*00h	RAM間接アクセス用のデータレジスタ0	間接アドレス指定で読み書きされるデータ
INDF1	*01h	RAM間接アクセス用のデータレジスタ1	同上

2.5.3 EEPROMデータメモリ

　EEPROMは他のメモリとは全く独立して備えられたデータ用メモリである．EEPROMは電源がOFFになっても記憶内容が消えない不揮発性のメモリになっているので，電源がOFFになっても保存しておきたい情報（例えば，プログラムのパラメータ，データなど）を格納しておくのに使う．また電源電圧でデータ書き込みが行えるので，ROMライター装置なしにプログラムから直接アクセスできる．このEEPROMは8ビット幅のメモリで構成されており，容量は256バイトである．Cコンパイラを使ってEEPROMにアクセスする場合は，組み込み関数（READ_EEPROMとWRITE_EEPROM）がコンパイラにあらかじめ用意されているので簡単である．EEPROMでは，読み出しは非常に高速でありプログラムで直接読み出しても問題無いが，書き込みは数ミリ秒の時間がかかるので使用する際に注意が必要である．なお本書ではEEPROMは使用しないため，詳細な説明は省略する．

演習問題

2.1 PIC16F1827のデータ幅は何ビットか？

 (a) 8   (b) 14   (c) 16   (d) 24   (e) 32

2.2 PIC16F1827の命令長は何ビットか？

 (a) 8   (b) 14   (c) 16   (d) 24   (e) 32

2.3 マイコンの1つの実行サイクルは何クロックサイクルかかるか？

 (a) 1   (b) 2   (c) 3   (d) 4   (e) 8

2.4 あるPICマイコンの1命令サイクルの時間が0.4マイクロ秒であるとする．このマイコンのシステムのクロック周波数は？

 (a) 4MHz (b) 8MHz (c) 10MHz (d) 16MHz (e) 20MHz

2.5 4つの加算命令を逐次的に実行する場合，全体で何クロックサイクルかかるか？

 (a) 1   (b) 2   (c) 3   (d) 4   (e) 5

2.6 次に実行される命令のプログラムメモリアドレスを保持するレジスタはどれか？

 (a) W-regレジスタ (b) 命令デコーダ (c) プログラムカウンタ (d) スタック

3章 プログラムの作成

Making a Program

3.1 概要

　マイコンのプログラム作成は，まずパソコンなどのホストマシン上でソースプログラムを作成し，コンパイル，デバッグなどを行い，生成されたバイナリ・コードをマイコンに書き込む，という手順になる．またこれらの一連の作業では，エディタ，コンパイラ，リンカ，シミュレータなどのデバッガなど，多くのツールを使用する必要があるが，近年ではこれらのツールを統合した開発環境が用意されており，この**統合開発環境**(Integrated Development Environment：**IDE**)を使うのが一般的になりつつある．PICについてもマイクロチップ社から**MPLAB X IDE**という統合開発環境がフリーソフトとして提供されている．

　次にプログラミング言語であるが，初期のマイコンではアセンブリ言語が多く用いられていた．しかし近年ではマイコンの能力も向上し，またプログラム開発の効率性やソースコード移植性が重要視されるようになり，C言語によるプログラム開発が主流となっている．PICについても，マイクロチップ社から，同社の8ビットマイコンを対象としたCコンパイラである**XC8**が提供されている．XC8には有償版と無償版があり，前者には高度なコード最適化技術が組み込まれているが，初学者には無償版で充分である．そこで本章ではMPLAB X IDEと無償版のXC8コンパイラを用いてPIC16F1827用のプログラムを開発する手順について説明する．

　作成したプログラムはマイコンライターを使ってマイコン本体に書き込む．ライターの種類として，専用のソケットに差し替えて書き込む方式のもの，シリアル回線（RS232CやUSB）経由で書き込む方式のもの，PICマイコンをボードに組み込んだままでプログラム書き込みができる**ICSP**(In Circuit Serial Programming)という方式のものなどがあるが，ここではマイクロチップ社が提供しているPICkit4というICSP方式のライターツールを用いる方法を説明する．本ツールはさらに，ボード上のPICマイコンを動作させながらデバッグを行うインサーキット・デバッガ(In Circuit Debugger)としても使用できる．

3.2 MPLAB X IDEのダウンロードとインストール

　マイクロチップ社のホームページからダウンロードする．Windows版とMac OS版があるが，ここではWindows版について述べる．なお本書で対象としたバージョンはv5.35である．

　ダウンロードが終了したらインストーラを起動し，インストールを行う．インストール中に Select Applications ダイアログで，いくつかの機能を選択するか否かの問合せがあるが，以下のようにする．

- MPLAB IPE (Integrated Programming Environment)はインストールしない（ダイアログボックスのチェックをはずす）．
- 8bitMCUs以外のデバイスは対象としない（16ビット，32ビット，その他はチェックをはずす）．

　しばらくするとインストールが終了する．メッセージが表示されるので[Finish]のボタンをクリックする．パソコンのデスクトップに図3.1のようなアイコンが表示される．

図3.1　MPLAB X IDE のアイコン

3.3 XC8コンパイラのダウンロードとインストール

　XC8コンパイラも別途ダウンロードしなければならない．マイクロチップ社のホームページからダウンロードする．XC8もWindows版とMAC OS版があるが，ここではWindows版について述べる．

　XC8コンパイラには先にも述べたように無償版と有償版があるが，これはインストール作業の際に指定するようになっている．以下のように選択する．

- [License Type]のダイアログで，[Free]を指定する．
- [Installation Complete – Licensing Information]ダイアログで以下のようなクリックラインが表示される．

Click to purchase a PRO or Standard license

Click here to get a free, 60-day evaluation of PRO

Click here to activate your license

　しかしこれらの行は無視し，一番下の[Next>]をクリックする．

　しばらくすると，インストールが終了する．メッセージが表示されるので[Finish]のボタンをクリックする．なおインストールが終わってもデスクトップにアイコンは表示されないので注意すること（コンパイラの選択は，MPLAB X IDEでプロジェクトを作成する際に行う）．

3.4 MPLAB X IDEの起動とプロジェクトの作成

3.4.1 MPLAB X IDEの画面

MPLAB X IDE（以下，MPLABと略す）画面の典型例を図3.2にしめす．

● メニューバー：メニュー項目を選択してMPLABに処理を指示する

● Projectsウィンドウ：処理対象のプロジェクトとそれを構成するファイルが表示される．オープンしたプロジェクトが複数ある場合には，太字（ボールド）で表示されたプロジェクトがビルドなどの対象となるメインのプロジェクト(Main Project)である．

● Dashboardウィンドウ：プロジェクトの詳細が表示される

● エディタウィンドウ：ソースプログラムが表示される

● Outputウィンドウ：システムからの各種メッセージが表示される

なおこれらのウィンドウはフローティングである．またこれらのウィンドウ以外にも，ファイルレジスタの表示やデバグ情報の表示などを行うウィンドウがある[注1]．

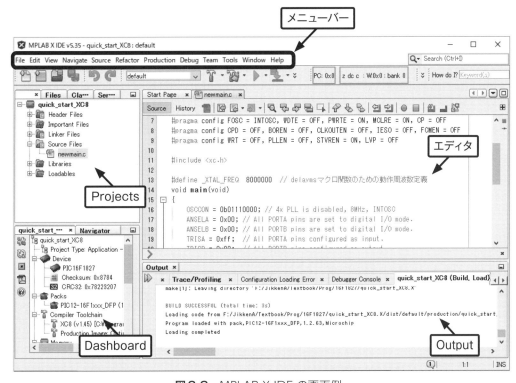

図3.2 MPLAB X IDE の画面例

注1 MPLAB X IDE は多様な機能を有するが，本書では紙面の都合もあり，基本的な機能のみを説明する．マイクロチップ社の日本法人である「マイクロチップ・テクノロジー・ジャパン」社のホームページから，日本語のマニュアルである「MPLAB X IDE ユーザガイド」がダウンロードできるので，詳細についてはそちらを参照して欲しい．

3.4.2 プロジェクトの作成

MPLAB X IDEではプログラムは**プロジェクト**という単位で管理される．以下の手順でプロジェクトを作成する．

- メニューバーで [File] >[New Project...] を選択する．次に[Categories]フィールドで [Microchip Embedded]を選択し，[Projects]フィールドで[Standalone Project]を選択する．

- ターゲットであるPIC 16F 1827デバイスを選択する．デバイス選択が容易になるよう，デバイスはファミリごとにグループ化されている．[Mid-Range 8-bit MCUs (PIC 10/12/16/ MCP)] ファミリのなかから[PIC 16F 1827] を探し出して選択する．

- 使用するハードウェアツール／デバッガをリストから選択する．ここでは [Simulator] を選択する．実際のデバイスへの書き込みを行うためにPICkit 4などを使う予定がある場合でも，最初はシミュレータ上で動作確認を行うのであれば，ここでは[Simulator]を選択しておく．あとで設定を変更することができる．

- XC 8を選択する．もし [Compiler Toolchains] 下の[XC 8]ブランチに複数のXC 8コンパイラバージョンが表示される場合は，なるべく安定したバージョン版を選択する．

- [Project Name] フィールドにプロジェクトの名前を入力する．もし [Project Location] フィールドに表示される既定値のプロジェクトパス（途中のフォルダ名など）が希望するものでないならば，[Browse...] をクリックして変更可能である．プロジェクト名，プロジェクトパス共に，英数（小文字・大文字），ハイフン，アンダーバーを用いた文字列とする（日本語などのマルチバイト文字を設定すると正常にビルドできなくなるので使用しないこと），また，最下部にある[Encoding]フィールドを「UTF-8」に変更すると，ソースコード内のコメントとして日本語を使うことができるので，合わせて設定しておくとよい（ただし必須ではない）．

- [Finish] をクリックするとプロジェクトが作成され，[Project]ウィンドウにプロジェクトのディレクトリー（フォルダー）・ファイル構成などが表示される．また[Dashboard]にこのプロジェクトに関する詳細な情報が表示されている．もし指定した情報に誤りがあったなら，プロジェクト・アイコンを右クリックするとポップアップメニューが表示されるので，[Properties]を選び，間違った指定を修正する．

3.5 プログラムの作成

3.5.1 XC8によるプログラミング

XC 8言語の仕様は概ね一般的なC言語と同じであるが，8ビットPICマシンを対象としているため，多少異なる点や注意すべき点がある．詳細な事項は付録Cに掲載している（ただし一部のみ）が，ここではXC 8を用いてPIC 16F 1827用のプログラムを作成するに際に特に留意すべき点を述べる．

(1) データ型

- **文字型**：一般的なC言語と同様にchar型が使用できる．ビット長は8ビットである．またchar型データに整数を代入して使用してもよい．格納できる値の範囲は−128〜＋127，unsigned char型にすれば，0〜255である．

- **整数型**：PIC 16F 1827は8ビットマイコンであり，また変数が割り振られるファイルレジスタの容量も極めて小さい．したがって，整数型変数を定義する場合はなるべくunsigned char型を用いる．ただし8ビットを超える整数値を取り扱うには，int型（2バイト），short型（2バイト），long型（4バイト）などを使うことになるが，あまり安易には使用しないようにする．

- **浮動小数点型**：float型は符号部1ビット，指数部8ビット，仮数部15ビットの計24ビット（3バイト）長である．なおPIC 16F 1827には浮動小数演算のためのハードウェア命令が無いため，浮動小数点型のデータが定義されると，XC 8が用意している浮動小数算術ライブラリがプログラムコードの一部として挿入される．このためプログラム領域が増大し，また浮動小数点演算は整数演算に比べ実行速度は非常に遅い．したがって浮動小数型の変数の定義は必要最低限のものにとどめ，安易に使用しないようにする．

(2) 演算子

　算術演算子や関係演算子など，一般のC言語と同様な演算子が使用できる．また複合代入演算子（x=x+yをx+=yのように書ける）も使用できる．なお，積算，除算，剰余などの演算については，これを直接実現するハードウェア機構は実装されていない．したがってこれらの演算子はなるべく使用せず，代わりにビット演算子や論理演算子を活用するようにする．例えば値を2倍にするには1ビット左にシフトすればよい．

(3) 制御文

　一般のC言語と同様な制御文が使用できる．

- **選択処理**：if文，if else文，switch文，goto文
- **繰り返し処理**：for文，while文，do while文

(4) リテラル

　以下のような型のリテラルが使用できる．なお以下の例はすべて10進数の58を表したものである．

- **10進数**：58
- **16進数**：0x3A
- **8進数**：072
- **2進数**：0b111010

(5) SFRへのビットフィールドでのアクセス

　作成するプログラムでは目的に応じて適宜いろいろなSFRにアクセスすることになる．各SFRは2章でも述べたようにファイルレジスタ内の固定のアドレスに割り振られているが，プ

ログラマはアドレスを意識する必要は無く，すべて名前で参照できる．またアセンブラでプログラムを記述するときは，SFRへアクセスする際には必要に応じてメモリバンクの切り替えを行う必要があったが，XC8ではバンク切り替えのコードは自動的に挿入される仕組みになっているので，バンクを意識する必要はない．

各SFRでは1ビットや数ビットごとに特定の情報が定義されている．これらのビット単位での情報はビットフィールドとよばれる．そこでこれらのビットフィールドへアクセスするには，以下のようにする．

■ XC8で定義されているビットフィールド構造体変数を用いる

Cの言語仕様ではビットを単位とした構造体を定義できる．このような構造体はビットフィールド構造体，そのメンバはビットフィールド名と呼ばれる．XC8では各レジスタはビットフィールド構造体変数として定義されており，これを用いて以下のようにアクセスすることができる．

　　　レジスタ名bits.ビットフィールド名

（例1）AAAレジスタのXXXビットフィールド（1ビットとする）を1とする．
　　　　AAAbits.XXX = 1

（例2）AAAレジスタのYYYビットフィールド（2ビットとする）を10（2進数）とする
　　　　AAAbits.YYY = 0b10

またアクセス頻度の高いレジスタ（例えばPORTA）では，ビットフィールド名単独の変数が重複して定義されているので，これを用いれば記述が簡単になる．

（例3）PORTAレジスタのRA2を1とする．
　　　　RA2 = 1 注2

（例4）PORTAレジスタのRA2を反転する．
　　　　RA2 = ~ RA2

■ 16進数，2進数および論理演算子を使用する

SFRに初期値を設定する場合などでは，ビットフィールド名を用いるとビットフィールドごとに初期値を代入しなければならず，プログラムの記述が長くなる．そこで以下のように16進数や2進数で代入することが多い．

（例5）AAAレジスタの初期値として，下位の3ビット（第0〜第2ビット）のみを1とし，他のビットは0とする
　　　　AAA = 0x07　または　AAA = 0b00000111

また論理演算子を用いて，特定のビットだけを1または0にセットする．

注2 もちろんPORTAbits.RA2＝1と書いてもよい．なお，AAAというレジスタのビットフィールドXXにアクセスしようとして，ビットフィールド名のXXだけでアクセスするようにプログラムを記述したところ「コンパイルエラー（未定義）」になったら，AAAbits.を付けてAAAbits.XXのようにプログラムを修正する．

（例6）AAAレジスタの上位2ビット（第7, 6ビット）を1にする（他のビットは変更しない）

AAA |= 0xC0

（例7）AAAレジスタの上位2ビットを0にする（他のビットは変更しない）

AAA &= 0x3F

なお&演算子を用いて，特定のビットが1か0かを判定する方法もよく用いられる．

（例8）AAAレジスタの第2ビット（下位から3ビット目）が1かどうかを判定する．

if (AAA & 0x04) == 1

3.5.2 ソースプログラムの基本的な記述

[File]>[New File...]で新しいソースファイルを生成するか，または[Projects]ウィンドウの
[Projects]タブ内において作成したプロジェクトのアイコンを右クリックするとポップアップ
メニューが表示されるのでそのまま[New]>[main.c...]までマウスカーソルを移動させて左ク
リックする．すると今作成中のプロジェクトのアイコン配下の[Source File]に新たなファイル
としてnewmain.cが自動的に追加され，またエディタのウィンドウに表示されて編集可能とな
る注3．なおファイル名は[Projects]ウィンドウ内の該当ソースファイルのアイコンを右クリック
するとポッポアップメニューが表示されるので，[Rename]を選んで任意の名前に変更すること
ができる．

ソースファイルの基本的な記述を図3.3にしめす．

①#pragma config文を用いて，システムの全体構成に関する**デバイス・コンフィギュレー
ション**（コンフィギュレーション・パラメータともいう）を指定する．具体的な指定方
法については後述する．

②コンパイラまたはデバイスに固有の機能へアクセスできるようにするため，必ずヘッダ
ファイル<xc.h> をインクルードする．

③一定時間待つための関数として図中⑦のようなdelay関数が用意されている．__delay_
ms，__delay_usの2つ関数があり，前者ではミリ秒を単位とした時間を，後者ではマイ
クロ秒を単位とした時間を指定する．なおいずれの関数もコンパイラにより指定され
た時間に相当するループ命令に展開される．そこでこれらの関数を使用する場合には，
#define _XTAL_FREQ文でオシレータのクロック周波数を指定しなければならない．

④マイコンのハードウェアは全てクロックと呼ばれる周期的なパルス信号により，同期を
とって動作する．このクロック信号は一定の周期で発振する**オシレータ（発振子）**と電子

注3 さらには，他のエディタ等で作成したファイルをプロジェクトに組み込んでもよい．[Projects ウィンドウ] の [Source
Files] を右クリックするとポップアップメニューが表示される．その中から [Add Existing Item...] を選択すると，ファ
イル選択のサブウィンドウが表示されるので，組み込みたいファイルを指定すればよい．逆に，あるファイルをプロジェ
クトから取りはずしたい場合は，[Source Files] 配下に表示されているファイル一覧から取りはずしたいファイル名を
右クリックするとポップアップメニューが表示されるので，[Remove From Project] を指定すればよい（なお，プロ
ジェクトから取りはずされるだけであり，ファイル自体が削除されるわけではない）．

回路を用いて生成される．プログラムの先頭でこのオシレータのクロック周波数(Fosc)を指定する必要がある．詳細は後述する．

⑤システム全体の構成に関する一部のパラメータはOPTION_REGレジスタで指定することとなっているので，このレジスタの設定を行う．詳細については後述する．

```
#pragma config  …  // ① デバイス・コンフィギュレーションの指定
#pragma config  …  //     〃
       :
#include <xc.h>  // ②
#define _XTAL_FREQ  8000000 // ③
void main(void) {
    オシレータ・クロック周波数の設定   // ④
    OPTION_REGレジスタの設定   // ⑤
    SFRの初期設定
    while(1) {
        具体的な処理（SFRへのアクセスなど) // ⑥
        __delay_ms(500);  // ⑦
    }
    return;
}
```

図3.3　ソースファイルの基本的な記述

　ソースファイルの編集が完了したら，メインメニューで [File] > [Save] を選択し，編集後のファイルを確実に保存する．

3.5.3 デバイス・コンフィギュレーションの指定

　デバイス・コンフィギュレーション（コンフィギュレーション・パラメータ）とは対象マイコンのデバイス共通のパラメータであり，プログラムの先頭で**#pragma config文**[注4]により値を指定する．ここでは各パラメータの意味と，本書で具体的なシステム作成にあたって指定する標準的な値について説明する．なお指定した値は特殊なレジスタである**CONFIG1**および**CONFIG2**レジスタに格納されるが，これらのレジスタは他のSFRと異なり，プログラム領域にとられており，またプログラムから参照や書き換えなどを行うことはできない．そこで以下ではレジスタの具体的なフォーマットについては説明を省略する．（なお#pragma config文のように実際のプログラムでの実行命令でなく主にコンパイラへある動作を指示する文を**疑似命令**（または疑似命令文）という．

(1) パラメータの設定方法

　ここではMPLABでの実際のパラメータの設定方法について述べる．

● メインメニューから[Production]>[Set Configuration Bits]あるいは[Window]>[Target Memory Views]>[Configuration Bits] を選択すると，[Configuration Bits] タブウィンド

注4 #pragma 文は Linux などでの C プログラミングではあまり使用されないが，C 言語仕様で「デバイス（マシン）や OS 特有のパラメータを指定する」と規定されている．その他の # がついた文（#include 文など）と同じようにコンパイラのプリプロセッサで処理される．

ウがMPLAB X IDEの右下に表示される．このウィンドウは，コンフィギュレーションビットに関連する情報（アドレス，値など）の一覧を表示するものである．ここで，[Option]または[Setting]をクリックするとプルダウンメニューが表示され，いずれの値にするかを選択できる（図3.4）．

● 選択が終了したら，[Generate Source Code to Output] ボタンをクリックする．すると[Output - Config Bit Source]ウィンドウ内に，自動生成されたコードが表示される（図3.5）．この生成された#pragma config文をコピーし，ソースプログラムの先頭部分へ貼り付ける．

なお各行の“//”以降はシステムより出力される説明のためのコメントであり，以下では長い部分は…と記してして省略している．

なお，行数を少なくするため，以下のように各項目をカンマで区切って指定してもよい．

```
#pragma config  FOSC = INTOSC, WDTE = OFF, PWRTE = ON, …
  :
#pragma config  ..., PLLEN = OFF,  STVREN = ON,  LVP = OFF
```

ただし上記のように複数行になる場合は，文頭に“#pragma config”を記述する必要がある．

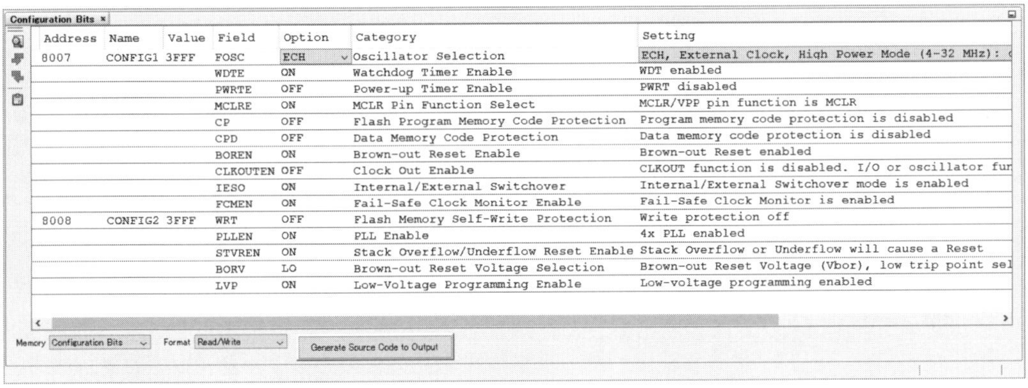
Configuration Bits ×

Address	Name	Value	Field	Option	Category	Setting
8007	CONFIG1	3FFF	FOSC	ECH	Oscillator Selection	ECH, External Clock, High Power Mode (4-32 MHz): c
			WDTE	ON	Watchdog Timer Enable	WDT enabled
			PWRTE	OFF	Power-up Timer Enable	PWRT disabled
			MCLRE	ON	MCLR Pin Function Select	MCLR/VPP pin function is MCLR
			CP	OFF	Flash Program Memory Code Protection	Program memory code protection is disabled
			CPD	OFF	Data Memory Code Protection	Data memory code protection is disabled
			BOREN	ON	Brown-out Reset Enable	Brown-out Reset enabled
			CLKOUTEN	OFF	Clock Out Enable	CLKOUT function is disabled. I/O or oscillator fur
			IESO	ON	Internal/External Switchover	Internal/External Switchover mode is enabled
			FCMEN	ON	Fail-Safe Clock Monitor Enable	Fail-Safe Clock Monitor is enabled
8008	CONFIG2	3FFF	WRT	OFF	Flash Memory Self-Write Protection	Write protection off
			PLLEN	ON	PLL Enable	4x PLL enabled
			STVREN	ON	Stack Overflow/Underflow Reset Enable	Stack Overflow or Underflow will cause a Reset
			BORV	LO	Brown-out Reset Voltage Selection	Brown-out Reset Voltage (Vbor), low trip point sel
			LVP	ON	Low-Voltage Programming Enable	Low-voltage programming enabled

Memory Configuration Bits　Format Read/Write　Generate Source Code to Output

図3.4　コンフィギュレーション・ビットの選択画面

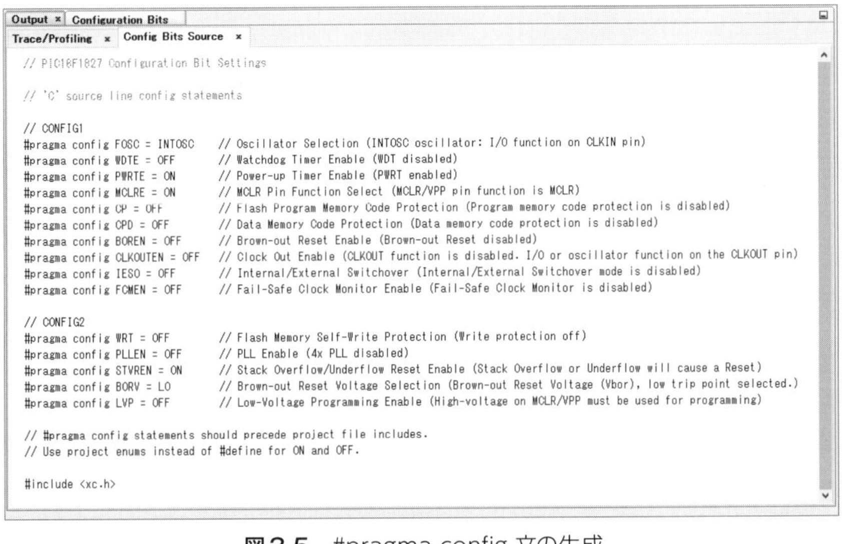
Output × Configuration Bits
Trace/Profiling × Config Bits Source ×

```
// PIC16F1827 Configuration Bit Settings

// 'C' source line config statements

// CONFIG1
#pragma config FOSC = INTOSC    // Oscillator Selection (INTOSC oscillator: I/O function on CLKIN pin)
#pragma config WDTE = OFF       // Watchdog Timer Enable (WDT disabled)
#pragma config PWRTE = ON       // Power-up Timer Enable (PWRT enabled)
#pragma config MCLRE = ON       // MCLR Pin Function Select (MCLR/VPP pin function is MCLR)
#pragma config CP = OFF         // Flash Program Memory Code Protection (Program memory code protection is disabled)
#pragma config CPD = OFF        // Data Memory Code Protection (Data memory code protection is disabled)
#pragma config BOREN = OFF      // Brown-out Reset Enable (Brown-out Reset disabled)
#pragma config CLKOUTEN = OFF   // Clock Out Enable (CLKOUT function is disabled. I/O or oscillator function on the CLKOUT pin)
#pragma config IESO = OFF       // Internal/External Switchover (Internal/External Switchover mode is disabled)
#pragma config FCMEN = OFF      // Fail-Safe Clock Monitor Enable (Fail-Safe Clock Monitor is disabled)

// CONFIG2
#pragma config WRT = OFF        // Flash Memory Self-Write Protection (Write protection off)
#pragma config PLLEN = OFF      // PLL Enable (4x PLL disabled)
#pragma config STVREN = ON      // Stack Overflow/Underflow Reset Enable (Stack Overflow or Underflow will cause a Reset)
#pragma config BORV = LO        // Brown-out Reset Voltage Selection (Brown-out Reset Voltage (Vbor), low trip point selected.)
#pragma config LVP = OFF        // Low-Voltage Programming Enable (High-voltage on MCLR/VPP must be used for programming)

// #pragma config statements should precede project file includes.
// Use project enums instead of #define for ON and OFF.

#include <xc.h>
```

図3.5　#pragma config 文の生成

(2) コンフィギュレーション・パラメータの設定値

上述のように指定した値はCONFIG1とCONFIG2に格納されるが，利用者はどちらのレジスタであるか意識する必要はない．以下では各パラメータの意味と本書での標準的な設定値について述べる．

- ●**FOSC**：CPUクロック生成のオシレータ（発振子）として，内部オシレータを用いるか，外部オシレータを用いるか，また外部オシレータの場合はその周波数に応じたパラメータを指定する．

    ECH：CLKIN (RA7) に4MHz〜20MHzの外部クロックを接続する．

    ECM：CLKINに500kHz〜4MHzの外部クロックを接続する．

    ECL：CLKINに500kHz以下のクロックを接続する．

    INTOSC：PIC16F1827の内部オシレータを使用する．

    EXTRC：CLKINに抵抗とコンデンサからなるRC回路を接続する．

    HS：OSC1 (RA7), OSC2 (RA6) 間に4MHz〜20MHzのクリスタル／セラミックオシレータを接続する．

    XT：OSC1, OSC2間に4MHz以下のクリスタル／セラミックオシレータを接続する．

    LP：OSC1, OSC2間に32.768kHzのクリスタルオシレータ（時計用[注5]）を接続する．

    本書では内部オシレータ (INTOSC) を使用する．なお内部オシレータを使用する場合は，具体的なクロック周波数をOSCCONレジスタで指定する必要があるが，これについては後述する．

- ●**WDTE**：ウォッチドッグタイマを有効とするか否かを指定する．

    ウォッチドッグタイマとはプログラムの暴走を検出する目的のために用意されたものである．すなわち，ウォッチドッグタイマを有効とすると，プログラムが実行している間は本タイマがカウントアップされ続け，オーバフローが発生するとウォッチドッグタイマ割り込みが発生してシステムはリセットされる．そこでこの割り込みを起こさせないためには，プログラムで一定時間ごとにウォッチドッグタイマをリセットしなければならない．逆に言えば，ウォッチドッグタイマ割り込みが発生しない間は，システムは正常に動作し，一定時間ごとにリセットを実行していると判断できる．

    本書ではウォッチドッグタイマを使用しないため，OFFとする．

- ●**PWRTE**：電源ONから電圧が安定するまで一定時間 (64 msec) 待ってシステムを起動するか否かを指定する．

    本書ではONとする．

- ●**MCLRE**：4番ピン(RA5/$\overline{\text{MCLR}}$)を通常の入出力ピンとして用いるか，システムリセットピンとして用いるかを指定する．

    システム実行中に何かの理由でシステムを再起動したいことがある．$\overline{\text{MCLR}}$ピンはそのためのピンであり，このピンを0電位にするとシステムはリセットされ，再起動される．

注5　32.768kHz のクリスタルオシレータはクォーツ時計用に開発されたものである．PIC では，これを用いて実時間タイマ（リアルタイマ）を作成することができる．詳細は7章参照．

本書ではシステムリセットとして使用するため，ONとする．配線は図3.6のように行う．SW1を押下すると$\overline{\text{MCLR}}=0$になり，システムがリセットされる．なおPIC 16F 1827では，MCRLEをONにすると，$\overline{\text{MCLR}}$ピンは内部的にプルアップされるというウィーク・プルアップ(Weak Pull Up: WPU)機能が実装されている．したがってR1は接続しなくてもよい．（各ピンのプルアップやWPU機能については4章で再度説明する）．

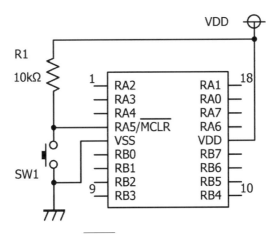

図 3.6 $\overline{\text{MCLR}}$ピンを用いたリセット回路

- **CP**：プログラムメモリを書き換え禁止（保護）とするか否かを指定する．

  禁止にすると，工場出荷後の初回はプログラムを書き込めるが，2回目以降は通常の方法では書き込めなくなるので注意が必要である．

  本書ではOFFとする．

- **CPD**：データメモリ(EEPROM)を書き換え禁止(ON)とするか否かを指定する．

  本書ではEEPROMは使わないが，OFFとしておく．

- **BOREN**：電源電圧がある閾値以下になった（Brown-outした）かどうかを監視し，閾値以下になった場合はシステムをリセットするか否かを指定する．

  本書ではOFF（監視しない）とする．

- **CLKOUTEN**：RA6をクロック出力ピンとするか否かを指定する．

  本書では，OFF（出力しない）とする．

- **IESO**：ONにすると，外部オシレータを使う場合に，スリープ状態からウェイクアップした時にオシレータが安定するまでの時間は内部オシレータを使い，その後に外部オシレータに切り替えるようにすることができる．

  本書では，内部オシレータを使用するためOFFとする．

- **FCMEN**：ONにすると，外部オシレータを使う場合に外部クロックが立ち上がったかどうかを監視し，立ち上がらなかった場合は内部オシレータに切り替え，「オシレータ障害割り込み」を発生させて，アプリケーションプログラムで最小限のエラー処理を行えるようにすることができる．

  本書では，内部オシレータを使用するためOFFにする．

- **WRT**：PIC 16F 1827 では，プログラム領域の一部をデータ用として使用することができる．この領域を書き換え禁止にするか否かを指定する．

  本章ではデータ領域として使うことは無いため，OFF とする．

- **PLLEN**：PIC 16F 1827 には，クロックの 4 倍の周波数を生成する 4x PLL (Phase Lock Loop) 回路がある．クロック周波数を 32MHz にしたい場合は，内部クロック・外部クロックいずれの場合であっても 8MHz とし，さらにこのオプションを ON にする．

  本書ではクロック周波数は 8MHz で動作させるため，OFF とする．

- **STVREN**：PIC 16F 1827 には，サブルーチン呼出し時に PC (Program Counter) を自動的にスタック領域に退避する機能が実装されている．ただしこのスタックのレベル数は 16 であるため，それ以上にネストしたサブルーチン呼出しを行うとスタック領域がオーバフローする．その時にシステムを自動的にリセットするか否か指定する．

  本書では ON とする．

- **BORV**：Brown-out でリセットする電圧の閾値を 1.9V (LO) にするか 2.5V (HI) にするかを指定する．

  本書では Brown-out を OFF とするため，本パラメータは意味が無い（LO/HI いずれでもよい）．

- **LVP**：プログラムを PIC に書き込む場合，通常は，5 番ピン (RA5 / $\overline{\text{MCLR}}$) に 12V の電圧をかける必要がある．LVP=ON にすると 5V でもプログラム書き込みができる．

  本書では OFF とする．

3.5.4　オシレータ・クロック周波数の指定

前にも述べたように，マイコン内には多くの回路が組み込まれているが，これらは全て**クロック**と呼ばれる周期的なパルス信号で同期をとって動作する．このクロック信号は一定の周期で発振する**オシレータ（発振子）**と電子回路を用いて生成される．2 つのクロックパルス間の時間間隔を**クロック周期**といい，以下では Tosc という記号で表す．またその逆数が**クロック周波数**であり，Fosc の記号で表す．**Fosc＝1/Tosc** である．

PIC 16F 1827 では，オシレータとして内部オシレータ／外部オシレータなど複数のオシレータのうちいずれかを用いることができる．オシレータにより周波数の精度が異なる．またクロック周波数も 31kHz〜32MHz の範囲で種々の周波数を選択することができる．一般にはクロック周波数が高ければ高速で処理を行うことができるが，反面それだけ時間当たりの消費電力は大きくなり，反対に低いクロック周波数を用いれば処理速度は遅いが，消費電力は小さくできる．PIC を利用する目的に応じて オシレータの種類，周波数を選択する．

(1) 内部オシレータを利用する場合

PIC 16F 1827 には内部発振回路が用意されている．ただし発振周波数の精度はあまり高くない（誤差 ±2％程度）．一方，外付けの部品が不要のため部品点数が少なく，その分だけ安価にシステムを構成することができる．あまり高い精度が必要でない場合や数 10kHz 〜数 100kHz 程度の周波数でよい場合，またはシステムを手軽に構成したい場合などに使用

する. #pragma config文でFOSC=INTOSCを指定するとともに, **OSCCON**レジスタの
IRCF<3:0>で周波数(31kHz〜16MHz)を指定する. なおプログラム実行時にもIRCFの値
を書き換えることにより周波数を切り替えることができる. これにより, 例えば処理すべきこ
とが多いときは周波数を高くし, それ以外は低くするようにすれば, システムの消費電力を抑
えることができる.

(2) 外部オシレータを使用する場合

　セラミックオシレータやクリスタルオシレータをOSC1(RA7), OSC2(RA6)間に接続する(図
3.8). 内部オシレータに比べ高い精度の周波数が得られる. セラミックオシレータの周波数変
動誤差は1%〜0.1%($1 \times 10^{-2} \sim 1 \times 10^{-3}$)程度, またクリスタルオシレータの変動誤差は$1 \times$
$10^{-4} \sim 1 \times 10^{-5}$程度である. 価格的にはクリスタルオシレータがやや高い. なお接続するオシ
レータの周波数により#pragma config文のFOSCパラメータで, HS(4MHz〜20MHz), XT
(4MHz以下), LP(36.768kHz)のいずれかを指定する. 以上の他に, 複数のPIC等を同時に
使用する場合に, クロック信号の生成を1つのPICで行い, 他のPICではCLKINでその信号
を貰って動作させることもできる. 逆に自機器でクロックを生成し, 他機器に供給することも
できる. これらについての詳細は省略する.

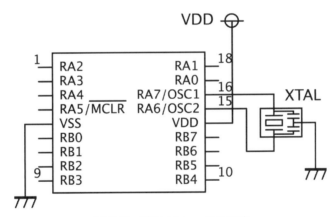

図 3.7　外部オシレータの接続

(図は内部にコンデンサが組み込まれている素子の場合である. 組み込まれて
いない場合は, 素子の説明書に基づいて適切な容量のコンデンサを接続する)

　図3.8にOSCCONレジスタをしめす. 本書では, 回路構成を簡単にするため**内部オシレー
タを用い**, また**クロック周波数は8MHz固定**とする.

　そこでプログラムの先頭で, OSCCONに次の値を設定する.

　　OSCCON=0x72

　なお前述したように, プログラム内でdelay関連の関数 (__delay_ms, __delay_ns) を使う
場合は, OSCCONとは別に, #define _XTAL_FREQで周波数を定義しておく必要がある.

　さらに, シミュレータでストップウォッチを使う場合は, 命令実行周波数**Fcyc**を指定
する必要がある. 2章で述べたように, 1命令の実行には4クロックサイクルかかるから,

Fcyc=Fosc/4である．MPLAB IDEでプロジェクトの[Properties] >[Conf:]>[Simulator]の順で画面を表示させ，そこでFcycを8/2=2 [MHz]に設定する．

OSCCON

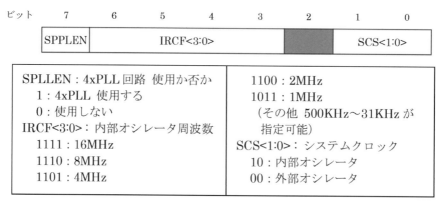

図3.8 OSCCON レジスタ

なお，本書では特殊機能レジスタ (SFR) を図示する場合，図3.8のように，最上位ビット (MSB：Most Significant Bit)である第7ビットを左端とし，また最下位ビット(LSB：Least Significant Bit)である第0ビットを右端として記す．またIRCF3, …, IRCF0のような一連のビットフィールド記述を，RCF<3:0>のように記述する．

3.5.5 OPTION_REGレジスタの設定

デバイス・コンフィギュレーションの各パラメータは#pragma config文で指定した．したがってこれらの値を変更するには再コンパイルする必要がある．これに対しOPTION_REGレジスタもシステム全体の構成(ウィークプルアップおよびタイマ0)に関するパラメータの一部を管理するが，データRAMに配置されているので，プログラムから動的に書き込み／読み出しが可能である．OPTION_REGレジスタの構成を図3.9にしめす．

各ビットフィールドの意味や使用方法については，以下のように関連する章で説明する．

● $\overline{\text{WPUEN}}$：4章

● INTEDG, TMR0CS, TMR0SE, PSA, PS<2:0>：7章

OPTION_REG

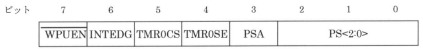

ビット	7	6	5	4	3	2	1	0
	WPUEN	INTEDG	TMR0CS	TMR0SE	PSA	PS<2:0>		

WPUEN ：Weak Pull Up の可否 　1：全 WPU 不可（(MCLR) を除く） 　0：WPUA, WPUB で WPU 指定 INTEDG：割り込みエッジ選択 　1：INT ピンの立ち上りエッジ 　0：　〃　　　立ち下りエッジ TMR0CS：タイマ 0 クロックソース選択 　1：T0CKI ピンの遷移 　0：内部命令クロック(Fosc/4) TMR0SE：タイマ 0 ソースエッジ選択 　1：T0CKI ピンの high-to-low でインクリメント 　0：　〃　　　　　low-to-high でインクリメント	PSA：プリスケーラ 使用か否か 　1：タイマ0でプリスケーラ使用しない 　0：　〃　　　　　　　　　　使用する PS<2:0>：プリスケーラ値選択 　000： 1:2 　001： 1:4 　010： 1:8 　011： 1:16 　100： 1:32 　101： 1:64 　110： 1:128 　111： 1:256

図3.9 OPTION_REG レジスタ

3.6 ビルド

　ソースプログラムの作成が終わったら，コンパイル，リンクを行う．2つの作業を合わせてビルドと呼ぶ．メニューバーから[Production]>[Build Main Project]を選択する．

　ビルドの対象はメインプロジェクトである．オープンされているプロジェクトが複数個ある場合には，プロジェクトウィンドウ内に太字で表示されているのがメインプロジェクトである．そこで，もし他のプロジェクトがメインプロジェクトになっている場合は，ビルドしたいプロジェクトを[Projectsウィンドウ]>[Set as Main Project]でメインプロジェクトに設定し，その後にビルドする．

　ビルドが終了すると，Outputウィンドウにコンパイルやリンクの結果が出力される．エラーがあれば適宜修正し，再度ビルドを行う．

3.7 デバイスへの書き込み

　生成されたバイナリの実行ファイル（拡張子は.hex）をデバイスに書き込むには，マイクロチップ社製の**PICkit 4**などのライター（プログラマとも呼ばれる）を使う．本ライターはPICチップをボードに挿したままプログラムを書き込む(**ICSP**：In-Circuit Serial Programming)ことができる．そのためは，まずPICチップを搭載したボードにICSP用の配線を行なっておく必要があるが，詳細は付録Aを参照のこと．

図3.10 PICkit4

　PICkit4とボードを接続し，また同時にPICkit4とホストのパソコンをUSBケーブルで接続する．次に[Projectsウィンドウ]で対象のプロジェクトを左クリックで選択し，また[メニューバー]>[File]>[Project Properties(プロジェクト名)]をクリックするとProject Propertiesサブウィンドウが表示されるから，[Conf: default]>[Connected Hardware Tool]のプルダウンメニューから[PICkit4]を選択する（PICkit4をUSBで接続しているにもかかわらずプルダウンメニューに表示されない場合は，すぐ右横の[Show All]チェックボックスにチェックを入れて再度ブルダウンメニューを表示させる）．すると，MPLABの画面のメニューバーの下にデバイスへの書き込みアイコンが表示される．そこでこれをクリックし[Make and Program Device Main Project]を選択すると，書き込みが行われる（図3.11）．なおデバイスに書き込む際には，ボードの電源をオンにして，電力を供給しておく必要がある．

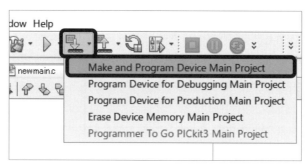

図3.11 デバイスへの書き込み

演習問題

3.1 以下の説明のうち正しいものはどれか？

① #pragma config は計算命令であり，ウォッチドッグタイマを増減する命令である．

② #pragma config は疑似命令であり，OPTION_REGレジスタを設定する命令である．

③ #pragma config はプログラムの無限ループを設定する特別な制御命令である．

④ #pragma config はプログラムROMにプログラムを書き込むための特別な疑似命令である．

⑤ #pragma config はPICマイコンのデバイスパラメータを設定するための疑似命令である．

3.2 以下の記述は正しいか？

① CONFIGパラメータは #pragma config 文で指定する．

② 指定されたCONFIGパラメータはコンパイラで解析され，一般の変数と同じメモリ領域に書き込まれる．

③ CONFIGパラメータは通常のプログラムからはアクセスできない．

④ PICのクロック周波数は8MHz固定である．

⑤ PICに内蔵されているクロック生成用のオシレータは極めて精度が高い．

⑥ クロック周波数をF_{OSC}=10MHzとすると，クロック周期は$T_{OSC} = 0.1$msである．

3.3 PIC16F1827マイコンにおいて，XC8コンパイラにおける次の記述は正しいか？

① for文で500回ループさせる．ループ回数のカウンタとしてunsigned char型を用いる．

② RA3 =1;

③ RB8 != 1;

④ TRISB4 = 0.5;

⑤ RB1= ~RB1;

3.4 次の変数の宣言をCで記述せよ．

① numを整数型変数として宣言する．ただし値は0~255の範囲とする．

② mojiを文字型変数として宣言する．

③ totalを整数型変数として宣言し，初期値として300を代入する

3.5 オシレータとして外部接続した10MHzのクリスタルオシレータを用いるには，どのようにすればよいかを述べよ．

4章 I/Oポートと基本的なディジタルI/O処理

I/O Ports and Basic Usage of Digital Ports

4.1 I/Oポート

　PIC16F1827では RA0～RA7, RB0～RB7のピンがディジタル入出力用であり, 外部機器との入出力などに使用できる. ディジタル入力では, ある外部ピンの電位がHigh (以下Hと書く) の場合にプログラムでそのピン名を指定して値を読みだせば1となり, 外部ピンの電位がLow (以下Lと書く) の場合は0となる. これにより, 例えば外部ピンにスイッチを接続し, そのスイッチがオンかオフかをプログラムで判断できることになる. 一方, ディジタル出力では, プログラムであるピン名を指定して1に設定すれば, その外部ピンの電位がHとなり, 0を指定すればLとなる. これにより, 例えば外部ピンに接続したLEDを点灯したり消灯したりすることができる.

　PIC16F1827でのピン配置を図2.2でしめしたが, ディジタル入出力以外のラベルを省略したものを図4.1にしめす (ただし参考のため ANnのラベルをカッコ内に記している). RAn (nは0～7) およびRBn (nは0～7) のピンはRA, RBの8個ごとにまとめてPORTA およびPORTBレジスタで管理されている. これらの入出力に用いられるピンは**入出力ポート**と呼ばれている. ここで図4.1からもわかるように一部のピンにはアナログ信号の入力機能も割り振られており, さらにこれらのピンは**デフォルトとしてアナログ入力用に設定されている**. 各ピンをアナログ入力用とするかディジタル入出力用とするかは, PORTA およびPORTBレジスタに対応したANSELA およびANSELBレジスタで指定することになっている. したがって,

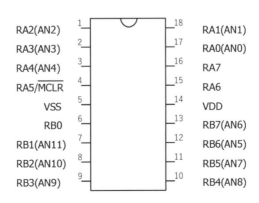

図4.1 ディジタルピンの配置

PORTA, PORTBをディジタル信号の入出力として使用する場合は，ANSELx（xはAまたはB）レジスタの対応するビットを0に設定しておく必要がある．すなわち

> ANSELA＝0x00;
> ANSELB＝0x00;

とする．

3章でも述べたように，本書ではRA5は$\overline{\text{MCLR}}$として使用し，一般的な入出力ピンとしては使用しない．また反対にRA6, RA7は外部オシレータを使用する場合にはオシレータを接続するピンであるが，本書では内部オシレータを使用するので，これらのピンも入出力ピンとして使用できる．

各ピンを入力モードとするか出力モードとするかは，**TRISA**レジスタおよび**TRISB**レジスタで指定する．**TRISxレジスタ（xはAまたはB）のあるビットの値が0なら対応するポート（ピン）は出力モード，1なら入力モード**となる．出力の場合は，プログラムでPORTxの対応するビットに出力値として1または0を設定する．また入力の場合は，ピンに印加された電圧がHかLかにより，PORTxの対応するビットに1または0が格納される．

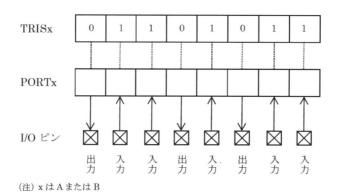

図4.2 TRISレジスタとPORTレジスタ

4.2 入出力モードの切り替え

上で述べたように，PICでは1つのピンは入力・出力のいずれにも用いることができる．以下ではその仕組みを説明する．

1つのピンの構成を簡単化した等価回路でしめすと図4.3のようになる．図の点線部分はP型MOSFETとN型MOSFETを組み合わせたCMOS（Complementary MOS）構成であり，この部分はトーテムポールとも呼ばれている．

P型MOSFETはゲート電圧が0のときにオンになり，またN型MOSFETはゲートの電圧が正の時にオンになる．したがって，図4.3は以下のように動作する（表4.1）．

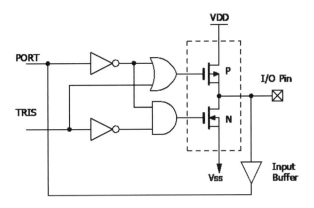

図4.3 I/O ピンの構成(等価回路)

■ TRISのビット＝0の場合

PORTのビット＝0であれば，P型MOSFET＝オフ，N型MOSFET＝オンとなり，I/O ピン
の電圧はVssと同じ，すなわちLとなる．逆にPORTのビット＝1であれば，I/Oピンの電圧は
VDDと同じ，すなわちHとなる．したがってPORTのビットを1, 0それぞれの場合に外部機器
を図4.4のように接続すれば，外部機器に電流を流すことができる．

表4.1 I/O ピンの動作

TRISのビット	PORTのビット	P型MOSFET	N型MOSFET	I/Oピンの電位	記 事
0	0	オフ	オン	L	出力モード
0	1	オン	オフ	H	〃
1	−	オフ	PORT の値にか かわりなくオフ	−	入力モード

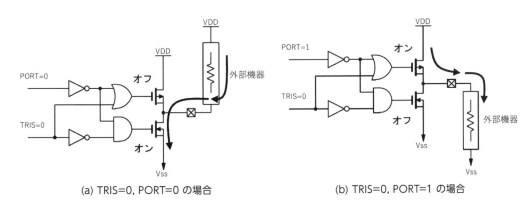

(a) TRIS=0, PORT=0 の場合   (b) TRIS=0, PORT=1 の場合

図4.4 ポートへの出力

■ TRISのビット＝1の場合

PORTの値にかかわりなくトーテムポールの両FETともオフとなり，ピンから見たトーテ
ムポールのインピーダンスは無限となる．したがってI/Oピンからの電流はInput Buffer側に
流れ，付加された電圧がHかLかによって Input Bufferの出力は1または0となり，その値が
PORTの対応ビットに格納される．

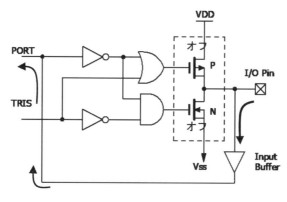

図4.5　ポートへの入力

4.3　PORTレジスタとLATレジスタ

　PORTx（xはAまたはB，以下同様）レジスタの各ビットはI/Oピンと直結している．また
PORTxをビット単位で書き換えを行う処理では，PORTxの全体を一旦内部メモリに読み込
み，必要なビットの書き換えを行なってPORTxに結果を書き込むという動作が行われる．こ
の時，I/Oピンに容量負荷（寄生容量を含む）などが接続されており，またシステムのクロック
周波数F_{OSC}がかなり高い（40MHz程度）場合，以下の図の例のようにPORTxが実際に書き
換わるのに時間がかかる（①）ため，次の命令では書き換え前のポートの値を読み込んでしま
い（②），結果としてビット書き換えに誤りが生じる（③）ことがある．

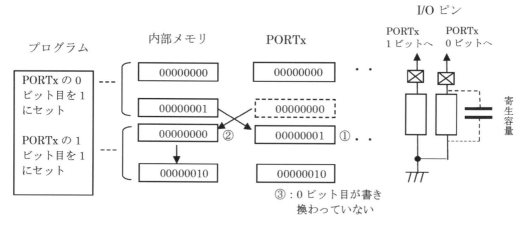

図4.6　PORTx レジスタの書き換え時間遅れによる誤りの例

　このような問題を回避するため，PORTxレジスタの前にLATxレジスタが設置されている．
LATxレジスタはラッチ回路で構成されており，PORTxレジスタの影響を直接受けないよう
になっている．
　以上のことから，プログラムでは以下のように入出力を行う．

(a) 入力する場合は，PORTx レジスタにアクセスする．

(b) 出力する場合は，Fosc が40MHz 以上であるような場合は，PORTx レジスタではなく，LATx レジスタに書き込むようにする．

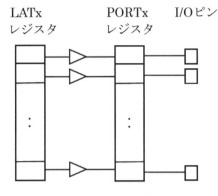

図4.7 LAT レジスタ

しかし，本書ではFoscは8MHzとそれほど高くないこと，一部のPICではLATxレジスタに書き込む機能が無いことなどから，PORTxレジスタに書き込む方法とする．なお，それでもLATxレジスタに書き込みたいのであれば，例えば，PORTA=0x..の代わりにLATA=0x..のように書けばよい．またビット単位で書き込む場合はRA0=1の代わりにLATA0=1のように記述する．

4.4 LEDの点灯・消灯

ここまで述べてきた基本的なディジタル入出力についてさらに理解を深めるため，PICにスイッチ1個とLED1個を接続し，スイッチのオン／オフに応じてLEDを点灯したり消灯したりする方法について述べる．

まず，PICを使わない図4.8のような簡単な回路を考える．スイッチSW1をオンにすればLEDが点灯し，オフにすればLEDが消える．LEDに直列に接続する抵抗Rの値を決める方法について述べる．まずLEDの特性はおよそ図4.9の実線のようであり，10mA程度の電流を流せば十分な明るさで点灯させることができる．またその時のLED端子間の電位差V_{LED}は，色によっても多少異なるが，赤色でおよそ2Vである．したがって電源電圧を5Vとすれば，

$$R=(5-2)[V]/10[mA]=300[\Omega]$$

とすれば良い．なお厳密には，

$$R \times I + V_{LED} = 5$$

すなわち，

$$I=(5-V_{LED})/R$$

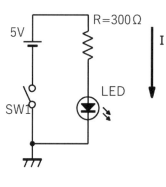

図4.8 LEDの点灯

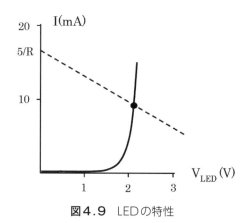

図4.9 LEDの特性

であるから，図4.9の点線のような直線とLED特性曲線の交点が実際の動作点になる．

　次に図4.8のスイッチの役割をPICで実現する方法について考える．スイッチやLEDはどのピンに接続してもよいが，ここではスイッチはRA2に，またLEDはRB4に接続することにする．このときRA2はスイッチのオン／オフを読み取るために入力モードとし，RB4は出力モードとする．そこで基本的には図4.10(a)のようにRA2をSW1を介してGNDに接続する．SW1をオンにすると，RA2は0になる．しかしこのままではSW1がオフの場合に，RA2は宙に浮いた状態となり，場合によっては周囲の静電気や電磁誘導によりピンに微弱な電流が侵入し，システムが誤動作する恐れがある．そこでSW1がオフの場合にRA2が確実に1になるようにするため，(b)のように抵抗を介してV_DDに接続する．これによりSW1がオフの場合には，RA2は確実に1になる．このように入力モードのピンにおいて，抵抗を介してプラスの電圧をかけておくことを**プルアップ**するという．なおSWのオン／オフとRA2の1/0は逆転することに注意すること．逆転しないようにするには，(c)のように抵抗とSWの位置を入れ替え，かつRA2を**プルダウン**するようにする．

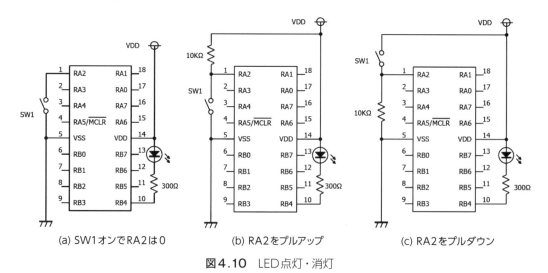

(a) SW1オンでRA2は0　　　(b) RA2をプルアップ　　　(c) RA2をプルダウン

図4.10 LED点灯・消灯

　PIC16F1827では，RA5ピンおよびRB0〜RB7ピンはウィーク・プルアップ（Weak Pull Up）機能（以下では**WPU機能**と書く）を用いて内部的にプルアップさせることができる．まず

オプションレジスタOPTION_REGの$\overline{\text{WPUEN}}$ビットを0にし，またWPUAまたはWPUBレジスタのピンに対応するビットを1にすれば，そのピンのWPUが有効となる．WPUA，WPUBレジスタを図4.11にしめす（OPTION_REGレジスタについては図3.9を参照のこと）．WPU機能を用いれば，わざわざ外側でプルアップ抵抗を使ってプルアップする必要がなくなり，回路作成の手間が多少省ける．なお本書では#pragma_config文でMCRL=ON，すなわち RA5ピンを$\overline{\text{MCLR}}$ピンとして用いる．この場合は，RA5は自動的にWPU有効となるので，プログラムで陽に$\overline{\text{WPUEN}}$ビットやWPUA5ビットを操作する必要はない（RA5を$\overline{\text{MCLR}}$として使用しない場合にRA5のWPUを有効とするには，$\overline{\text{WPUEN}}$とWPUA5の2つのビットを陽に設定する必要がある）．RB0〜RB7ピンのWPUを有効とするには，上でも述べたように$\overline{\text{WPUEN}}$ビットを0とし，またWPUBx（xはAまたはB）レジスタのピン対応ビットを1にする．

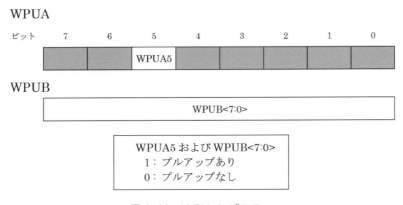

図4.11 WPUxレジスタ

　図4.10(c)ではRB4＝0の時にLEDが点灯する．これをRB4＝1の時に点灯するようにするには，PICからLEDへ電流を供給する，すなわちソース電流型で接続すればよい（図4.12）．しかし多数の外部機器を接続する場合は，PICの最大電流許容量を考慮する必要がある．例えばPIC16F1827の最大電流許容量はピンあたり25mAであり，チップ全体ではVssピン(GND)側で390mA，VDDピン（電源）側で290mA程度である．そこで通常は，出力ピンは前記の図4.10(c)のように吸い込み電流（シンク電流）型で使用することが多い．

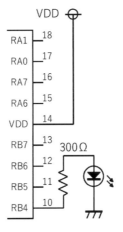

図4.12 LEDの接続(ソース電流型)

4.5 LEDの点滅システムの作成

（1）システム構成

前項で述べたシステムではスイッチのオン・オフに従って単純にLEDを点灯または消灯するだけであり，PICを用いた面白さが感じられない．そこでプログラムを少し工夫し，スイッチをオン・オフさせることによりLEDを以下のように動作させることにする．

- SW1がオンの場合：LEDを短い時間で点滅させる．

- SW1がオフの場合：LEDを消灯する．

回路を図4.13にしめす．基本的には図4.10(b)と同じであるが，RA2にはプッシュスイッチ(SW1)を接続している．またRA5は$\overline{\text{MCLR}}$ピンとして使用している．RA5は内部的にプルアップされるので，外付けのプルアップ回路は付けていない．

実際に作成したシステム例を図4.14にしめす．左側のボードはCPUボード（付録A）であり，右側のボードにスイッチとLEDを配置している．

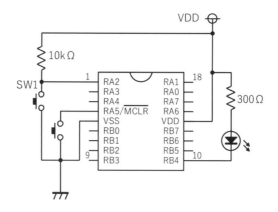

図 4.13 LEDの点滅システム

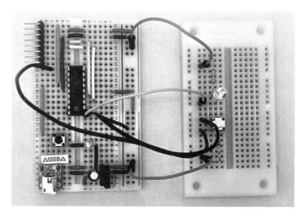

図4.14 実際に作成したLED点滅システム

(2) プログラム

リスト4.1にしめす.

■ リスト4.1　LEDの点滅システムのプログラム

```
1  /***********************************************************************
2                LED点滅
3  ***********************************************************************/
4
5  #pragma config FOSC = INTOSC, WDTE = OFF, PWRTE = ON, MCLRE = ON, CP = OFF
6  #pragma config CPD = OFF, BOREN = OFF, CLKOUTEN = OFF, IESO = OFF
7  #pragma config FCMEN = OFF, WRT = OFF, PLLEN = OFF, STVREN = ON, LVP = OFF
8
9  #include <xc.h>
10
11 #define _XTAL_FREQ  8000000
12
13 /*********** main  *************/
14 void main(void)
15 {
16     OSCCON=0x72;   // 8MHz
17     ANSELA=0x00;   // RA ディジタル
18     ANSELB=0x00;   // RB ディジタル
19     TRISA=0x04;    // RA2 入力
20     TRISB=0x00;
21
22     PORTA=0x00;
23     PORTB=0x00;
24
25     while(1){
26         if(RA2 == 0)
27             RB4=~RB4;  // ON/OFFを反転
28         else
29             RB4=1;     // OFF
30         __delay_ms(200);
31     }
32 }
```

| **説明** | （数字は行番号） |

5~7 ： 3章で述べたようにコンフィギュレーション・パラメータを指定する.

11 ： __delay_ms組み込み関数を使うため, _XTAL_FREQ指定する.

16 ： Fosc=8MHzとする.

17~18 ：PORTA, PORTBともディジタル入出力とする.

19~20 ：RA2を入力モード, 他は出力モードとする. ただし#pragma configでMCLRE=ONとしているので, RA5ピンはハードウェアで自動的に入力モードに設定されることに注意.

22～23 ：PORTA, PORTBの初期値を設定. ただしRA5の値は1であることに注意.

26～27 ：SW1がオンであれば, RB4を反転する.

28～29 ：SW1がオフであれば, LEDをオフにする.

30 ： 200ms待ってwhileループを繰り返す. すなわちSW1がオンの場合は, 200msごとにLEDを点滅する.

演習問題

4.1 本書ではPIC16F1827の電源電圧をいくつかの理由で5Vとしているが, このチップは元来1.8～5.5Vの範囲で動作できるよう設計されている. そこで乾電池でも動作できるよう電源電圧を3.0Vにしたい. LEDに直列に接続する抵抗Rは何Ωとすればよいか？ただしLEDによる電圧降下は2Vとし, またLEDには10mAの電流を流すものとする.

4.2 以下にTRISA, TRISBレジスタ, およびPORTA, PORTBレジスタのビット列をしめす. ただし左端の値は第7ビットであり, 右端の値は第0ビットとする.

TRISA: 0 0 1 1 0 1 1 0 　 PORTA: 0 1 0 1 0 1 0 1

TRISB: 1 1 0 0 0 1 1 0 　 PORTB: 1 0 1 0 1 0 1 1

このとき, 以下の問いに答えよ.

① ポートAにおいて, 入力モードのピンはどれか？
② ポートBにおいて, 1(H)が出力されているピンはどれか？

4.3 リスト4.1ではSW1を押下するとLEDが点滅し, SW1を離すとLEDは消灯する. この動作を逆に, すなわち押下中LEDは消灯し, 押下しないとLEDが点滅するようにしたい. このためには, リスト4.1をどのように変更すれば良いか？

4.4 図4.13では, SW1をRA2に, LEDをRB4に接続しているが, SW1をRB4に, LEDをRA2にしたい. このためには, 図4.13やリスト4-1をどのように変更すれば良いか？なおRBピンはWPU機能があるので, これを使用することとする.

4.5 PORTAまたはPORTBのピン, 例えばRA0を入力モードに設定しているとする. このとき, プログラム内でRA0=1という文を実行したら, RA0の値はどうなるか？

4.6 図4.15のようにSW1をRB0に接続し, またRA0～RA3の各ピンにLEDを接続（図では接続の詳細は一部省略している）する. このシステムを用いて, SW1が押下されるたびに, 以下のようにLEDを順次点灯するようにしたい.

- 最初はLED0を点灯する.
- SW1が押下されると, LED1, LED2, LED3という順番で点灯LEDを切り替える. なお LED3の次はLED0に戻って同じ動作を繰りかえす.

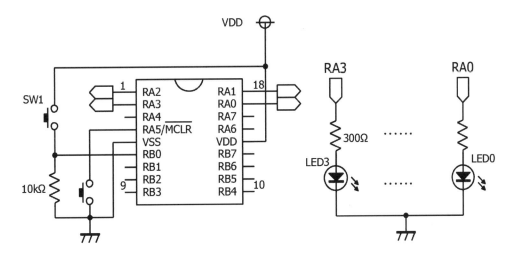

図4.15 演習問題 4.6 のシステム

以下はそのプログラムである. 各 □□□□□ に適切な表現を記入せよ.

```
1  void main()
2  {
3    OSCCON, ANSELA, ANSELBまでの初期設定（リスト6.2に同じ）
4    TRISA=0x00;
5    TRISB =  (a)   ;    // RB0を入力モード
6    PORTA =  (b)   ;    // LED0をオン
7    PORTB = 0x00 ;
8    while(1) {
9      if ( RB0  ==   (c)   ) {
10       if ( RA3 == 1 ) {
11          RA3 = 0;
12          RA0 = 1;
13       }
14       else
15          PORTA = ( PORTA << 1 ) &   (d)   ; 下位4ピンを左にシフト
16          __delay_ms(500);注1
17     }
18   }
19 }
```

注1 16行目の delay が無い場合, SW1 を少しゆっくり押すと LED が次々に切り替ってしまう. 逆に SW1 を押したのが たまたま 500ms の delay の時であった場合は, LED の点灯が切り替わらない. これを解決する方法については 6 章 演習問題6.3を参照のこと.

Column　オープンドレイン

　ある型番のPICチップでは，特定の入出力ピンがオープンドレイン構成となっているものがある. このオープンドレインのピンは図4.16のようにN型MOSFETだけから構成されているため，PORTのビットを0とすればピンはLにはなるが，1にしてもピンはHにはならない. そのため, このようなピンを出力モードの電流供給型（図4.12）で（すなわちプルアップしないで）使用することはできず，図4.17 のようプルアップして使用しなければならない.

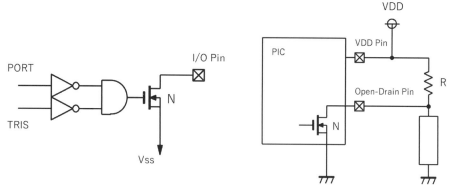

図4.16　オープンドレイン・ピンの内部構成　　図4.17　オープンドレイン・ピンのプルアップ

　このようオープンドレイン型のピンを使うことのメリットは，電圧の異なるシステムと接続できることである. 例えば，PICの電源電圧を5Vとしていても，オープンドレインのピンを用いれば，図4.18のように異なった電圧の別電源で動作するような素子や機器等と接続することができる.

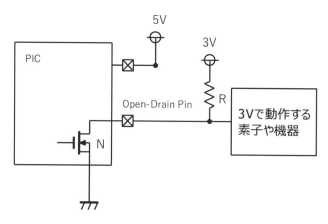

図4.18　異なる電圧で動作する素子などの接続

　なお，PIC16F1827にはこのような固定的なオープンドレイン・ピンは無いが，12章で述べるようにI²CでのSCLおよびSDAピンはオープンドレインとなる. しかしPIC16F1827にはWPU機能があり，これを使用すれば内部的にプルアップされるので，陽にプルアップする必要はない.

5章 7セグメントLEDへの数字の表示

Displaying Numeric Data on Seven-Segment LED

5.1 7セグメントLED

4章では単体のLEDの点灯方法について述べた．ここでは7個のLEDを組み合わせて数字を表示することのできる7セグメントLEDに数字を表示させる方法について述べる．

7セグメントLED（以下では7SEGと呼ぶ）は7個のセグメント（1個のセグメントは1個のLED）で構成されており，それらのうち適当なセグメントをオンにすることにより，0〜9の数字を表示させることができる（図5.1）．例えば，(a, b, c, d, e, f)をオンにすれば0になり，また(a, b, g, e, d)をオンにすれば2になる．なおDPは小数点表示用のセグメントである．

アノードコモンとカソードコモンの2つのタイプがある．いずれを用いてもよいが，ここではアノードコモンの7SEGを用いることにする．なおいずれのタイプでも，2章でも述べたように，アノードからカソードへ10mA程度の電流を流せば，対応するセグメントのLEDが点灯する．

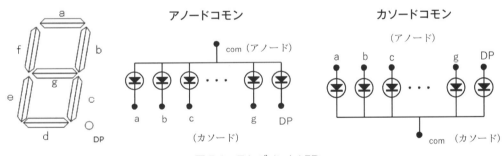

図5.1 7セグメントLED

5.2 7SEGへの数字表示システムの作成

4個の入力スイッチを接続し，そのオン／オフの組み合わせで2進数を表すことにする．プログラムでその2進数の数値を読み取って，10進数として7SEGに表示させるようなシステムを作成する．

（1）システム構成

図5.2に回路をしめす．数字は4個のスイッチ（SW0~SW3 ：SW3がMSB）を各々RA0~RA3に接続する．なお入力スイッチのオン／オフと入力ピンの1／0を一致させるため，入力ピンはプルダウンしている．

出力側としてRB6~RB0をそれぞれ7SEGのa~gの端子に接続するが，ピン出力の1／0と各セグメントのオン／オフを一致させるため，間にNOTゲート回路を挿入する[注1]（図の点線部分）．

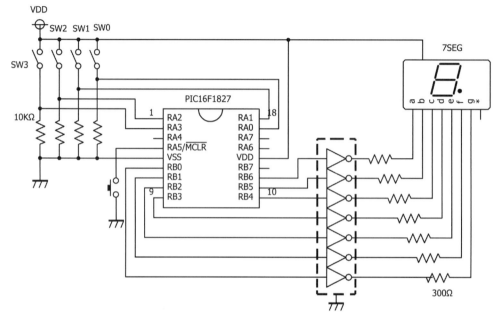

図5.2　7SEG への数字の表示

（2）7SEGへの数字の表示方法

RA0~RA3の値と，7SEGの入力端子a~gのオン／オフ，すなわちPORTBの値は，表5.1のように対応させれば良い．また10~15の値に対しては，'－'を表示するようにする．

表5.1　RA0 ~ RA3 の値と PORTB の値の対応

RA3	RA2	RA1	RA0	10進数	オンにする7SEGの入力端子	PORTB
0	0	0	0	0	a, b ,c, d, e, f	0x7E
0	0	0	1	1	b, c	0x30
0	0	1	0	2	a, b, d, e, g	0x6D
0	0	1	1	3	a, b, c, d, g	0x79
0	1	0	0	4	b, c, f, g	0x33
0	1	0	1	5	a, c, d, f, g	0x5B
0	1	1	0	6	a, c, d, e, f, g	0x5F
0	1	1	1	7	a, b, c	0x70
1	0	0	0	8	a, b, c, d, e, f, g	0x7F
1	0	0	1	9	a, b, c, d, f, g	0x7B
1010 ~ 1111				10 ~ 15	g	0x01

注1　NOTゲートを挿入しないで回路を簡単化することができる．演習問題 5.2 を参照のこと．

　そこで，配列segを用意し，PORTAの下位4ビットの値とPORTBの値の対応を定義しておく．すなわちseg[PORTAの下位4ビットの値]にPORTBに出力すべき値を設定しておく．

(3) プログラム

　リスト5.1にしめす．

■リスト5.1　7SEGへの数字表示プログラム

```
1   /***********************************************************************
2              7SEGへの数字表示
3   ***********************************************************************/
4
5   #pragma config FOSC = INTOSC, WDTE = OFF, PWRTE = ON, MCLRE = ON, CP = OFF
6   #pragma config CPD = OFF, BOREN = OFF, CLKOUTEN = OFF, IESO = OFF
7   #pragma config FCMEN = OFF, WRT = OFF, PLLEN = OFF, STVREN = ON,  LVP = OFF
8
9   #include <xc.h>
10  #define _XTAL_FREQ  8000000
11
12  /*********** main  *************/
13  void main(void)
14  {
15    unsigned char in;  // RA0~RA3の読込み
16    unsigned char seg[]={0x7E, 0x30, 0x6D, 0x79, 0x33, 0x5B, 0x5F, 0x70, 0x7F,
17  0x7B, 0x01, 0x01, 0x01, 0x01, 0x01, 0x01 };
18
19    OSCCON=0x72;       // 8MHz
20    ANSELA=0x00;
21    ANSELB=0x00;
22    TRISA=0x0F;       // RA0~RA3を入力モード
23    TRISB=0x00;       // PORTB を出力モード
24    PORTA=0x00;
25    while(1) {
26       in=PORTA &0x0F;       // PORTAの下位4ビット値をinに
27       PORTB=seg[in];   // 対応するa, b, …, gをオン
28       __delay_us(10);    // 10μs待つ
29    }
30    return;
31  }
```

説明

（main関数より前の部分は4章のプログラムに同じ）

16 ：　PORTAとPORTBの値の対応を配列で定義する．

22 ：　RA0~RA3を入力モードとする．

26 ：　PORTAの下位4ビットの値をinにセットする．

27 ：　inの値を対応するa, b, …, gをオンにする．

28 ：　10μsec待つ．

5.3 複数の7SEGのダイナミック点灯

(1) 7SEGのダイナミック点灯

　前節の方法では，7SEGを接続するために7個のI/Oピン（DPも表示するとすれば8ピン）を使う必要がある．さらには，複数桁の数字を複数個の7SEGを使って表示をしようとすると，それに比例して必要なピン数も増えてしまう．しかしマイコンのI/Oピン数には限りがあるので，これは大きな問題である．

　この問題を解決するため7SEGの**ダイナミック点灯**という手法を用いる．2つ以上の7SEG，例えば7SEG-1と7SEG-2に2桁の数字を表示したい場合，まず上位桁を7SEG-1に表示し，下位桁を7SEG-2に表示することにするが，物理的に同時には表示せず，短い時間（10~20msec程度）で2つの7SEGの表示切替えを行い，以後これを繰り返す．これにより人の目の残像効果を利用して，あたかも個々の数字が2個の7SEGに同時に表示されているように見せることができる．これによりI/Oピンは1組分（すなわち7または8ピン）で済む．以下では2桁の数字をダイナミック点灯により2個の7SEGに表示するシステムを作成するが，3桁以上の数字でも同じような方法で表示することができる．

　このシステムでは2進数→10進数の変換を行う専用のLSI (74LS47)を用いる（これは**デコーダ**とも呼ばれている）．74LS47では，入力端子$A0$~$A3$に2進数を入力すると，その10進数表現に対応する$\overline{a}$~$\overline{g}$のピンがオフになる．そこで$\overline{a}$~$\overline{g}$のピンをそのまま7SEGの端子に接続すれば，7SEGに数字が表示されることになる．このデコーダを使用することによりI/Oピン数をさらに減らし，4ピンにすることができる（小数点すなわちDPは表示しないものとする）．なお，74LS47の$\overline{LT}$はランプテスト用の端子であり，また$\overline{RBI}$は上位桁のゼロをサプレスするかどうか（例えば'01'と表示するか'1'と表示するか）を制御するための端子であり，さらに$\overline{BI/RB0}$は下位桁にゼロサプレスを伝播させるための端子であるが，ここではこれらの端子は使わない．

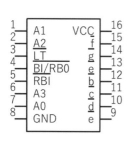 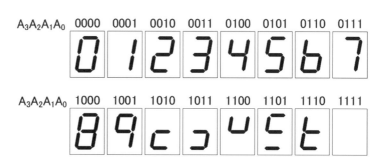

図5.3　7SEG デコーダ 74LS47
（6と9のフォントがリスト5.1とは若干異なることに注意）

　以下ではカウンタを一定時間ごとにカウントアップし，カウンタの値を2桁の10進数として2個の7SEGに表示するようなシステムを作成する．カウンタが100になったら0に戻し，同じ動作を繰り返す．

（2）システム構成

　RA0, RA1のオン／オフで2つの7SEGの表示切り替えを行う．各ピンから7SEGのアノード (COM)ピンへはトランジスタ経由で接続する．直接接続するとRA0, RA1ピンに最大で約 $10 \times 7 = 70$ mAと比較的大きな電流が流れる恐れがあり，これを避けるためである．また $\overline{\mathrm{LT}}$, $\overline{\mathrm{RBI}}$ はプルアップしておき，$\overline{\mathrm{BI}}/\mathrm{RB0}$ は何もせずそのままにしておく．

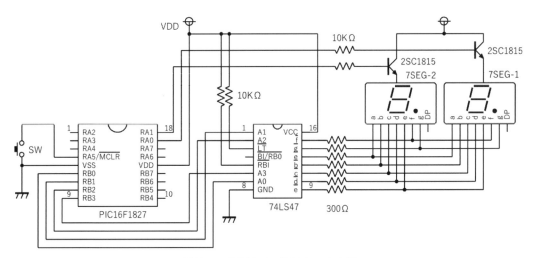

図5.4　7SEG のダイナミック点灯

（3）プログラム

　リスト5.2にしめす

■ リスト5.2　7セグメント LED のダイナミック点灯プログラム

```
1  /********************************************************************
2                  7SEGのダイナミック点灯
3  ********************************************************************/
4
5  #pragma config FOSC = INTOSC, WDTE = OFF, PWRTE = ON, MCLRE = ON, CP = OFF
6  #pragma config CPD = OFF, BOREN = OFF, CLKOUTEN = OFF, IESO = OFF
7  #pragma config FCMEN = OFF, WRT = OFF, PLLEN = OFF, STVREN = ON, LVP = OFF
8
9  #include <xc.h>
10
11 #define _XTAL_FREQ  8000000
12
13 /************ main **********/
14 void main(void)
15 {
16     unsigned char count=0;    // カウンタ
17     unsigned char v1=0;       // 1の位
18     unsigned char v10=0;      // 10の位
19     unsigned char loop=0;     // 内部ループの回数
20
21     OSCCON=0x72;   // 内部クロック8MHz
22     ANSELA=0x00;
```

```
23      ANSELB=0x00;
24      TRISA=0x00;       // PORTAを出力モード
25      TRISB=0x00;       // PORTBを出力モード
26
27      while(1) {
28          v1=count % 10;    // 1の位
29          v10=count / 10;   // 10の位
30
31          while(loop < 40) {    // 内部ループ
32              PORTB= v1 ;       // 1の位
33              PORTA= 0x01;   // 7SEG-1に表示
34              __delay_ms(10);   // 10msec待つ
35              PORTB= v10 ;   // 10の位
36              PORTA= 0x02;   // 7SEG-2に表示
37              __delay_ms(10);   // 10msec待つ
38              ++loop;
39          }
40          loop=0;
41          ++count;    //内部ループを抜けだすごと(20 msec×40=800 msec)にカウンタをカウン
42  トアップ
43          if(count==100)
44              count=0;
45      }
46  }
```

説明

（main関数より前の部分は4章のプログラムに同じ）

16 ： カウンタを用意する．このカウンタを一定時間のループごとにカウントアップし，99の次は0にする．

17, 18 ： カウンタの1の位, 10の位を格納する変数を用意する．

28, 29 ： カウンタの1の位, 10の位を求める．

32, 33 ： 1の位をPORTBに設定し, 7SEG-1をオンにする．

34 ： 10msec待つ（その間, 7SEG-1がオン）．

35, 36 ： 10の位をPORTBに設定し7SEG-2をオンにする．

37 ： 10msec待つ（その間, 7SEG-2がオン）．

41 ： ループの1回あたりの時間はおよそ(10+10)×40=800(msec)である．この時間ごとにカウンタをインクリメントする．

43, 44 ： カウンタが100になったら0にリセットする．

演習問題

5.1 リスト5.2のプログラムにおいて，行31の条件(<40)を(<50)に書き換えた場合，LEDで表示される数字は何秒ごとに変わるか.

(a) 0.5秒　　　　(b) 1秒　　　　(c) 2秒　　　　(d) 5秒

5.2 図5.2において回路を簡単にするため，右下の7個のNOTゲートは付けたくない．実はプログラムを一部修正すれば，システムとして同じ動作を行わせることができる．プログラムをどう修正すればよいか？

5.3 図5.2ではアノードコモンの7SEGを用いているが，代わりにカソードコモンの7SEGを用いる場合の回路構成をしめせ.

5.4 7SEGとマイコンの出力ポートを図5.5のように結線するものとする（ピンとLEDの対応が本文中のものと異なることに注意すること）．ここでP7を再上位ビット（MSB），P0を最下位ビット（LSB）とし，ポートの出力が1のときLEDが点灯するものとする.

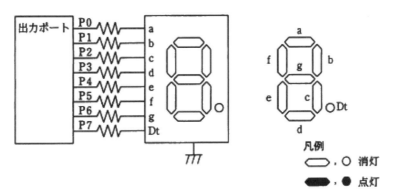

図5.5 演習問題 5.4 の図

このとき出力ポートに16進数で0x6Dを出力したときの表示状態はどれか？（出典：平成24年度 春期，基本情報処理技術者試験，午前，問25）

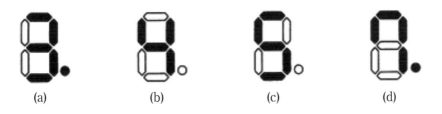

5.5 図5.5の7セグメントLEDで「3.」を表示させるために出力ポートに出力すべき16進数の値はどれか.（出典：同上）

(a) 0x66　　　　(b) 0xCF　　　　(c) 0xFD　　　　(d) 0xE7

6章 割り込み

Interrupts

6.1 割り込みとは

　割り込みとは，『ある事象（イベント）が生起した場合，その時点で実行している処理を一時的に中断し，特別な番地（0x04）に登録された割り込み処理ルーチン (Interrupt Service Routine：ISR) と呼ばれるプログラムルーチンに制御を移動してそのイベントに対する必要な処理を実行する．またイベントの処理が終わればISRから抜けだし，中断地点に戻って元の処理を続行する』というメカニズムである．これによりイベントが発生した場合に遅滞なく直ちに必要な処理を行うことができる．なお2章でも述べたように，0x04番地は「**割り込みベクタ**」とも呼ばれる．

　PIC 16F 1827では，割り込みイベントとして以下のようなものがある．

- ●**タイマ0オーバフロー割り込み**

   タイマ0がオーバフローしたとき

- ●**外部（INTピン）割り込み**

   INTピン（PIC 16F 1827ではRB0）がHighからLowに（またはLowからHigh）へ変化したとき

- ●**周辺装置割り込み**

   各種周辺機器の処理（例えば周辺装置とのデータの送信や受信）が完了したとき

- ●**状態変化割り込み**

   INTピン以外のRBピンについて，そのピンがHighからLowに（またはLowからHigh）へ変化したとき（機能的にはINTピン割り込みとほぼ同じであるが，具体的な指定方法が異なる）．ここでは詳細な説明は省略する．

　ある割り込み要因イベントが生起した場合，INTCONレジスタのGIEがオンにセットされており，さらにINTCONまたはPIEx（xは1~4）レジスタでそのイベントに対応する受け付け許可ビットがセットされていれば割り込みが受け付けられ，ISRが呼び出される．ここで，GIEは割り込み全体を受け付けるか否かを制御するためのビットである．

　割り込みイベントが発生した場合，INTCONレジスタまたはPIRx（xは1~4）レジスタの対応するフラグがセットされる．そこでISRではフラグを調べてどのイベントが生起したか判断

し，対応する処理を行う．

　割り込みが受け付け不可の場合でも，割り込みイベント発生により上記のフラグはセットされる．そこで割り込み処理を使わなくともこのフラグをルックイン方式でチェックすれば，イベントが生起したことを知ることができる．ただしイベントが発生してからフラグをチェックするまでにはある程度の時間遅れが生じることになるから，このような遅れが許容できないアプリケーションでは割り込みを使う必要がある．

6.2 割り込み処理時のハードウェア動作

　割り込みについて理解を深めるため，割り込みに関するハードウェアの動作について説明する．

6.2.1 割り込み関連のSFR

　INTCONレジスタ[注1]は割り込み全体の制御を行なったり，最も基本的な割り込みであるタイマ0やINTピン割り込みなどの割り込み可否を指定するレジスタである．またこれらの割り込みイベントの発生を表すフラグも存在する．

図6.1　INTCONレジスタ

　前述したようにGIEビットにより割り込み全体の受け付け可否を指定する．またTMR0IE，INTEビットそれぞれによりタイマ0割り込み，INTピン割り込みの可否を指定する．またタイマ0割り込みイベント，INTピン割り込みイベントの発生はそれぞれTMR0IF，INTFフラグに表示される．それ以外の周辺割り込みについては，まずINTCONのPEIEビットで周辺割り込み全体の受け付け可否を指定し，さらに個々の周辺割り込みに対応したPIEx（xは1~4）レジ

注1　SFRの構成からも分かるように，タイマ0やINTピン割り込み可否はINTCONで可能であるが，その他の多くの割り込みはINTCONのPEIEおよびPIExの2段階で制御するようになっている．これは初期のPICではタイマ0とINTピン割り込みのみがサポートされていたが，PICの発展にともなって各種機能モジュールが追加され，またそれに伴って割り込み種別も順次追加されてきたという背景による．

スタにより割り込み可否を指定する．また周辺割り込みイベントの発生はPIRx（xは1~4）レジスタに表示される．なおPIEx, PIRxとも数が多いため，レジスタの具体的な構成の図示は止め，各ビットフィールド（すべて1ビット）の説明を表6.1, 表6.2にしめすことにする．

表6.1 PIExレジスタ

レジスタ	ビットフィールド名	説明
PIE1	TMR1GTIE	タイマ1ゲート割り込み制御 　1: 受付け可 　0: 受付け不可 （以下，同じ）
	ADIE	ADC割り込み制御
	RCIE	USART受信割り込み制御
	TXIE	USART送信割り込み制御
	SSP1IE	MSSP1割り込み制御
	CCP1IE	CCP1割り込み制御
	TMR2IE	TMR2とPR2一致割り込み制御
	TMR1IE	タイマ1オーバフロー割り込み制御
PIE2	OSFIE	オシレータ障害割り込み制御
	C2IE	コンパレータC2割り込み制御
	C1IE	コンパレータC1割り込み制御
	EEIE	EEPROM書き出し完了割り込み制御
	BCL1IE	MSSP1バス衝突割り込み制御
	CCP2IE	CCP2割り込み制御
PIE3	CCP4IE	CCP4割り込み制御
	CCP3IE	CCP3割り込み制御
	TMR6IE	TMR6/PR6一致割り込み制御
	TMR4IE	TMR4/PR4一致割り込み制御
PIE4	BCL2IE	MSSP2バス衝突割り込み制御
	SSP2IE	MSSP2割り込み制御

表6.2 PIRxレジスタ

レジスタ	ビットフィールド名	説明
PIR1	TMR1GTIF	タイマ1ゲート割り込みフラグ 　1: 割り込み発生 　0: 割り込みは発生していない （以下，同じ）
	ADIF	ADC割り込みフラグ
	RCIF	USART受信割り込みフラグ
	TXIF	USART送信割り込みフラグ
	SSP1IF	MSSP割り込みフラグ
	CCP1IF	CCP1割り込みフラグ
	TMR2IF	TMR2とPR2一致割り込みフラグ
	TMR1IF	タイマ1オーバフロー割り込みフラグ

	OSFIF	オシレータ障害割り込みフラグ
PIR2	C2IF	コンパレータ C2 割り込みフラグ
	C1IF	コンパレータ C1 割り込みフラグ
	EEIF	EEPROM 書き出し完了割り込み
	BCL1IF	MSSP1 バス衝突割り込みフラグ
	CCP2IF	CCP2 割り込みフラグ
PIR3	CCP4IF	CCP4 割り込みフラグ
	CCP3IF	CCP3 割り込みフラグ
	TMR6IF	TMR6/PR6 一致割り込みフラグ
	TMR4IF	TMR4/PR4 一致割り込みフラグ
PIR4	BCL2IF	MSSP2 バス衝突割り込みフラグ
	SSP2IF	MSSP2 割り込みフラグ

6.2.2 割り込み発生時のハードウェアでの処理

（1）割り込みの発生と受付け

　前述したように，割り込み要因イベントが発生すれば，割り込み受け付けの可否に関係なく，INTCON または PIRx レジスタの対応するフラグがセットされる．またそのイベントが受け付け可であれば，ISR が呼び出される．

　ISR 呼出しの際には，ハードウェアで GIE ビットがリセットされる．したがって ISR 実行中に他の割り込み要因が発生しても ISR がネストして呼び出されることはない．また ISR を抜け出す直前に，ハードウェアで自動的に GIE が再セットされる．

（2）コンテキストの自動退避と回復

　ISR に制御を渡す直前に，割り込まれた地点で次に実行すべき命令の PC（プログラムカウンタ）がスタックに退避される．さらに，割り込まれた地点における以下のような情報（これをコンテキストと呼ぶ）がハードウェアによりメモリバンク 31 番に存在するシャドウレジスタと呼ばれる領域に自動的に退避される．

- W-reg レジスタ
- STATUS レジスタ（$\overline{\text{TO}}$, $\overline{\text{PD}}$ を除く）
- BSR レジスタ
- FSR レジスタ
- PCLATH レジスタ

　ISR から割り込み地点に復帰するときは，これらのコンテキストが回復され，またスタックに退避されていた PC のプログラム番地へ制御を渡す．

6.2.3 外部（INTピン）割り込み

INTCONのINTEを1にすることにより，INTピンに印加された電圧のエッジ変化により割り込みを発生させることができる．また割り込み契機をエッジの立ち上りとするか，立ち下りとするかはOPTION_REGレジスタのINTEDGで指定する．

6.3 C言語(XC8)による割り込み処理の記述

割り込み処理ルーチン(ISR)を定義するには，void型の特別な宣言interruptを用いる．

　　void　__interrupt　関数名(void)

　　引数，戻り値ともvoidにする．関数名は任意の名前でよい．

複数種類の割り込みを受け付け可にしている場合は，ISRの先頭でINTCONまたはPIRxの割り込みフラグをチェックし，発生したイベントの種類を判断する．またそのフラグをリセットする．そのあと，発生したイベントに対応した処理を行う．なおISR自体は割り込み禁止で走行するため，**ISRの処理はなるべく短時間で終了するようにする**．ある割り込みに対するISRの処理の処理が長いと，その間に他の割り込みイベントが発生しても直ちに処理することができなくなる（ただしこのような割り込みイベントはGIEがセットされた時点で受け付けられる）．

ISRからの戻りは return文でよい（アセンブラでプログラミングする場合は通常のサブルーチンからの戻り命令であるRETURN文でなくRETFIE文を使用しなければならないが，Cでプログラミングする場合はコンパイラで自動的にRETFIE文に変換してくれる）．

6.4 INTピン割り込みによるLED点滅時間の切り替えシステムの作成

割り込み処理を使ったシステムの例として，INTピン割り込みを使ってLEDの点滅時間を変えるシステムを作成する．

(1) システム構成

図6.2の構成とする．INTピン(RB0)に接続したプッシュスイッチSW1を押下するごとに，LEDの点滅時間を100ms，または500msに交互に切り替える．なお時間の制御はタイマ0割り込みを使ってもよいが，ここでは単純に__delay_ms関数を使用する．なおタイマ0割り込みを使った例は次章で説明する．INTピン割り込みはエッジの立ち上りを契機にすることとする．

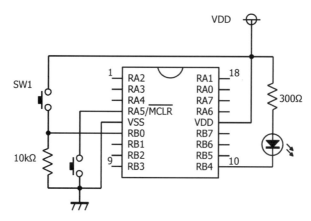

図6.2 INT ピン割り込みによるLED点滅時間の切替えシステム

(2) プログラム

リスト6.1にプログラムをしめす.

■ **リスト6.1 INTピン割り込みによる LED 点滅の切替えプログラム**

```
1  /*************************************************************
2       LED On/Off-Interval Change on INTpin Interrupt
3  *************************************************************/
4  #pragma config FOSC = INTOSC, WDTE = OFF, PWRTE = ON, MCLRE = ON, CP = OFF
5  #pragma config CPD = OFF, BOREN = OFF, CLKOUTEN = OFF, IESO = OFF
6  #pragma config FCMEN = OFF, WRT = OFF, PLLEN = OFF, STVREN = ON, LVP = OFF
7
8  #include <xc.h>
9
10 #define _XTAL_FREQ  8000000
11 unsigned char INTpin_f=0;   // INTピン割り込み通知フラグ
12
13 /********** main ******************/
14 void main()
15 {
16     char interval = 0;      // 0: 100ms  1: 500ms
17     OSCCON = 0x72;        // 内部クロックは8MHzとする
18     ANSELA = 0x00;
19     ANSELB = 0x00;
20     OPTION_REG = 0x40;  // INTピン 立ち上りで割り込み
21     TRISA = 0x00;
22     TRISB = 0x01;   // RB0を入力
23     PORTA = 0x00;
24     PORTB = 0x00;
25     INTE = 1;  // INTCON INTEをオン（INTピン割り込み可）
26     INTF = 0;  // INTCON  INTFをクリア
27 //   INTCON = 0x10;  // INTE, INTFをまとめて設定してもよい
28     GIE = 1;      // INTCON GIEをオン（全割り込み可）
29
30     while(1) {
```

```
31          if (INTpin_f == 1) {
32              INTpin_f = 0;
33              if(interval == 0)
34                  interval = 1;
35              else
36                  interval = 0;
37          }
38          RB4 = ~RB4;
39          if(interval == 0)
40              __delay_ms(100);
41          else
42              __delay_ms(500);
43      }
44  }
45
46  void __interrupt INTpin_interrupt (void)
47  {
48    if(INTF == 1) {   // INTCON INTFをチェック　念のため
49        INTF = 0;   // INTFをクリア
50        INTpin_f = 1;   // INTピン割り込み表示フラグをオン
51    }
52    return;
53  }
```

説明

11 ：　ISRからmainへINTピン割り込みが発生したことを通知するためのソフトウェアのフラグ.

16 ：　LED点滅間隔を表す，0: 100ms 1: 500ms.

20 ：　INTピンの立ち上りエッジで割り込み発生を指定.

22 ：　INTピン(RB0)を入力モードに設定.

25 ：　INTピン割り込みを可.

26 ：　INTFをクリア.

27 ：　25~26をまとめてセットしても良い.

28 ：　全割り込みを可.

31 ：　INTピン割り込みが発生したら,

32 ：　まずINTpin_fをクリア.

33~34 ：現在100msであれば，500msに.

35~36 ：現在500msであれば，100msに.

38 ：　RB4を反転.

39~40 ：intervalが0なら100ms待つ.

41~42 ：intervalが1なら500ms待つ.

46~53 ：割り込み処理ルーチン(ISR).

48 ：　ここではINTピン割り込みのみを取り扱うので本来は不要であるが，念のためチェック.

49 : INTCONのINTFをクリア.

50 : INTpin_fをオンに.

52 : 割り込み中断地点に復帰.

● 演習問題

6.1 割り込み要求を受けたマイコンの動作に関する記述のうち，適切なものはどれか？

① 現在実行中の処理と割り込み処理命令を1つずつ交互に実行する.

② 現在実行中の処理を中断し，割り込みに対応する割り込みサービスルーチンを実行する.

③ 処理を切り替えるために，タスクスケジューラを呼び出す.

④ 実行中の処理と，割り込み処理の優先度を比較する.

6.2 リスト6.1のプログラムではINTピンのエッジ立ち上りで割り込みが発生するようにしているが，これをエッジの立ち下りで割り込みが発生するようにするにはどうすればよいか？また実際にプログラムを作成し，プッシュスイッチ(SW1)を少し長めに押して，それを離すタイミングでLEDの点滅時間が変わることを確認せよ.

6.3 4章の演習問題4.6で，RB0がオンになるごとにRA0〜RA3に接続したLEDの点灯を順次切り替えるプログラムを作成した. 4章ではRB0がオンになるのをプログラムで監視する方法としたが，ここではINTピン(RB0)割り込みを用いて検出するようにする. システム構成は図4.15と同じとする. また割り込み契機はリスト6.1と同様に立ち上がりエッジとする.

以下は本プログラムの主要な部分である. 各 $\boxed{}$ に適切な表現を記入せよ（なお，本プログラムではINTピン割り込みを使っているから，演習問題4.6の（注1）で述べたような問題は起きない）.

```
 1  #pragma config〜INTpin_fまでの定義（リスト6.1に同じ）
 2
 3  void main()
 4  {
 5    OSCCON, ANSELA, ..., PORTBまでの初期設定（リスト6.1に同じ）
 6
 7     (a)   =  0 ;
 8     (b)   =  1 ;
 9    GIE = 1;
10    RA0 =    (c)    ;
11    while(1) {
12       if (INTpin_f ==    (d)    )
13         INTpin_f =    (e)    ;
14       if ( RA3 == 1 ) {
15         RA3=0;
16         RA1=1;
17       }
18       else
19         PORTA = ( PORTA << 1 ) & 0x0F;   // PORTAの下位4ビットを1ビット左にシフト
20    }
21  }
22
23  void  __interrupt  INTpin_interrupt (void)
24  {
25      リスト6.1に同じ
26  }
```

6

7章 タイマ制御

Timers

7.1 概要

PIC16F1827には，8ビット長の「タイマ0」，16ビット長の「タイマ1」，そして8ビット長で「タイマ2タイプ」と呼ばれるものが3個（タイマ2，タイマ4，タイマ6）の計3種類，合計5個のタイマが用意されている[注1]．これらのタイマの最も基本的な目的は時間を計測することであり，またこれによって時間に依存した処理（例えば一定時間ごとに繰返し処理を行う）を可能とすることである．各タイマともクロック信号によってカウントアップされるので，クロックサイクル長を単位として時間を計測することができる．なお，タイマ0やタイマ1では外部信号をクロックとして選択することもできるので，その外部信号の生起回数をカウントするカウンタとしても使用できる．さらには他のモジュール機能の一部としてタイマが使用される場合もある（例えば，CapSenseではタイマ0またはタイマ1を使用する）．しかし本章では，主に時間計測や時間制御の機能を中心に，各タイマについて説明を行うこととする．

なおタイプ2のタイマ（タイマ2 / 4 / 6）はCCPのPWM制御に用いられるタイマであり，詳細は11章で説明することとし，ここでは説明を省略する．またウォッチドッグタイマ(Watch Dog Timer：WDT)は2章で述べたように，時間の計測ではなくシステムの暴走を監視するためのタイマであるため，ここでは説明対象外とする．

7.2 タイマ0

タイマ0は，8ビットの TMR0レジスタとして実装され，以下のような特徴を持つ．

● ソフトウェアによる読み込み・書き出しが可能
● カウントアップのクロックソースとして内部または外部クロックを指定可能
● 8ビットのプリスケーラを用いて，カウントアップの間隔を2〜256倍に延ばすことが可能
● カウントアップによりカウンタがオーバフローする時，すなわち0xFFから0x00になる時に，割り込みを発生させることが可能

注1　2章の表2.1の注でも述べたように，タイマは歴史的な慣例により名前がつけられている．そこでタイマ3，タイマ5などは存在しない．

7.2.1 タイマ0の動作

タイマ0の機能ブロックを図7.1にしめす.

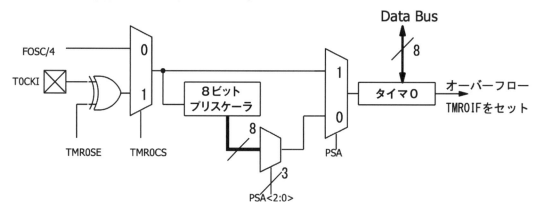

図7.1 タイマ 0 の機能ブロック図

OPTION_REGレジスタ (図3.9) のTMR0CSビットで, クロックソースを内部命令クロック (Fosc/4) とするかT0CKIピンに接続された外部クロックとするかを指定する. 外部クロックの場合は, 信号の立ち上がりエッジをタイミングとするか, 立ち下がりエッジをタイミングとするかの選択を行う. なお, 内部クロックを使用するモードを「タイマモード」, 外部クロックを使用するモードを「カウンタモード」ともいうが, 以下では主にタイマモードについて説明する.

タイマ0が時間とともに順次カウントアップされオーバフローする (すなわち0xFFから0x00になる) とき, タイマ0割り込みフラグ (INTCONレジスタのTMR0IFビット) が1にセットされ, また割り込み可 (INTCONレジスタのGIEおよびTMR0IEが1) であれば, **タイマ0オーバフロー割り込み**が発生する.

タイマ0でプリスケーラ[注2]を使用するかどうかをOPTION_REGレジスタのPSAで, また使用する場合のプリスケーラの値, すなわちプリスケール値をPS<2:0>で指定する. **プリスケーラ**とはカウントアップを間引くための仕組みであり, 図7.1にしめすようにタイマの前段に配置されている. これにより例えばプリスケール値を1:4にすれば, システムクロックがオンになっても4回に1回しかタイマ0はカウントアップされないため, カウントアップの間隔を4倍にすることができる. タイマ0のプリスケーラは8ビット長であるため, 指定できるプリスケーラの値は最大256 (2^8=256) 倍までであるが, 実際に指定できるプリスケール値は表7.1のようである. 今, Fosc=8MHzとし, プリスケール値を1:2 (以下, プリスケール値=2のように書く) とした場合を考える. この場合, 命令周波数は8/4=2[MHz], したがってクロック周期は$1/(2 \times 10^6)$=0.5[μs]となり, またプリスケール値=2であるから, タイマ0は0.5×2=1[μs]ごとにカウントアップされる. そこで, もしタイマ0の初期値を0x00とすれば, このタイマは8ビット長であるから1×256=256[μs]後にオーバフローし, 割り込みが発生することになる. 表7.1には, 各プリスケール値に対するカウントアップ間隔の時間およびタイマ0の初期

注2 プリスケーラを用いてプリスケールすることを「システムクロックを分周する」と言うこともある. なおタイマ2／4／6をコンパレータで使用する場合は, ポストスケーラという機能も用意されており, これを用いれば, コンパレータ割り込み回数を 1/2, 1/3,…のように減らすこともできるが, 詳細な説明は省略する.

値を0x00としたときの割り込み時間を記しているが，前者は時間の精度，後者は1回の割り込みで計測できる最大時間ということになる．なお最大時間を超える時間を計測したい場合には，割り込み回数をカウントする別のカウンタを用意し，割り込み時間のn倍の時間を計測できるようにする．逆に最大時間より短い時間を計測したい場合は，タイマ0に0より大きい数値をセットしておく．この場合，その数値からカウントアップが始まるので，例えば上と同様にプリスケール値＝2とした場合，タイマ0に初期値＝100を代入しておけば，割り込みは$1 \times (256 - 100) = 156$ [μs]後に発生することになる．

表7.1 タイマ0のプリスケール値と，Fosc＝8MHzでの割り込み時間

OPTION_REG レジスタのPS<2:0>	プリスケール値	Fosc＝8MHzの場合	
		カウントアップ間隔（μs）	タイマ0 (TMR0)の初期値を0x00としたときの割り込み時間（μs）
000	1:2	1	256
001	1:4	2	512
010	1:8	4	1024
011	1:16	8	2048
100	1:32	16	4096
101	1:64	32	8192
110	1:128	64	16384
111	1:256	128	32768

7.2.2 タイマ0／INTピン割り込みによる LED点滅切替えシステムの作成

6.4節で，INTピン割り込みが発生する毎にLEDの点滅時間を変えるシステムを作成した．そこでは点滅時間の制御のため__delay_ms関数を用いていた．これをタイマ0割り込みで行うように変更してみよう．ただし100ms，500msの時間は概略値でよいとする．またシステム構成は図6.2と同じとする．

オシレータは8MHzの内部オシレータを使用し，またプリスケール値＝256，タイマ0の初期値を0とすれば，表7.1にしめしたように32.768msごとにタイマ0割り込みが発生する．そこでタイマ0割り込みが3回発生すれば$32.768 \times 10^{-3} \times 3 \cong 98.3 \times 10^{-3}$であるから，これをおよそ100msとみなし，また，その5倍すなわち15回発生でおよそ500msであるとする．

プログラムをリスト7.1にしめす．

■ リスト7.1 タイマ0割り込み，INTピン割り込みによるLED点滅切替えプログラム

```
1  /*************************************************************
2          LED On/Off-Interval Change on INTpin Interrupt
3  *************************************************************/
4  #pragma config FOSC = INTOSC, WDTE = OFF, PWRTE = ON, MCLRE = ON, CP = OFF
5  #pragma config CPD = OFF, BOREN = OFF, CLKOUTEN = OFF, IESO = OFF
6  #pragma config FCMEN = OFF, WRT = OFF, PLLEN = OFF, STVREN = ON, LVP = OFF
```

```
 7
 8  #include <xc.h>
 9  #define _XTAL_FREQ  8000000
10
11  unsigned char INTpin_f = 0;  // INTピン割り込み発生の通知フラグ
12  unsigned char Intval_f =0;   // LED反転のインタバルになった旨の通知フラグ
13  unsigned int  Intval_count = 3;    // 3: 100ms  15: 500ms
14  unsigned char T0int_count = 0;
15
16  void main()
17  {
18      OSCCON = 0x72 ;        // 内部クロックは8MHzとする
19      ANSELA = 0x00 ;
20      ANSELB = 0x00 ;
21
22      OPTION_REG = 0x47;  // INTピン 立ち上りで割り込み
23      TRISA  = 0x00;
24      TRISB  = 0x01 ;  // RB0を入力
25      PORTA  = 0x00 ;
26      PORTB  = 0x00 ;
27      TMR0 = 0x00;  // タイマ0の初期値セット
28      TMR0IE = 1;    // INTCON TMR0IEをオン(タイマ0割り込み可)
29      TMR0IF = 0;    // INTCON TMR0IFをクリア
30      INTE = 1;      // INTCON INTEをオン (INTピン割り込み可)
31      INTF = 0;      // INTCON INTFをクリア
32  //   INTCON = 0x30;  // TMR0IE=1, INTE=1, TMR0IF=0, INTF=0 をまとめてセット
33      GIE=1;         // INTCON GIEをオン (全割り込み可)
34
35      while(1) {
36          if(INTpin_f==1){      // INTピン割り込み通知フラグオンであれば
37              INTpin_f=0;
38              if(Intval_count == 3)
39                  Intval_count = 15;
40              else
41                  Intval_count = 3;
42          }
43
44          if(Intval_f == 1) {   // インバル時間になった旨の通知フラグがオンであれば
45              Intval_f = 0;
46              RB4=~RB4;  // LEDを反転
47          }
48      }
49  }
50
51  void __interrupt  INTpin_TMR0_interrupt(void)
52  {
53    if(INTF == 1) {   // INTCON  INTFをチェック
54        INTF = 0;      // INTFをクリア
55        INTpin_f = 1;  // INTピン割り込み発生の通知フラグをオン
```

```
56    }
57    if(TMR0IF==1) {
58        TMR0IF = 0;
59        TMR0 = 0x00;  // タイマ0に0を代入
60        ++T0int_count;  // タイマ0割り込み回数をインクリメント
61        if( T0int_count >= Intval_count) { //  割り込み回数がインタバル値になれば
62            T0int_count = 0;
63            Intval_f = 1;  // インタバル時間になった旨のフラグをオン
64        }
65    }
66    return;
67 }
```

説明

（主にリスト6.1との違いを説明する）

11 ： ISRからmainへINTピン割り込みが発生したことを通知するためのソフトウェアのフラグ.

12 ： ISRからmainへLED反転のインタバルになった旨を通知するためのフラグ.

13 ： LED反転するインタバルに対応するタイマ0割り込み回数.

14 ： タイマ0の割り込み回数をカウントするカウンタ.

27 ： タイマ0の初期値として0x00をセット.

28 ： タイマ0割り込みを可.

29 ： TMR0IFをクリア.

32 ： 28~31をまとめてセットしても良い.

36~42 ：INTピン割り込みが発生したとき，反転インタバルを切り替える.

44~46 ：インタバル時間になったとき, LEDを反転する.

51 ： INTピン割り込みおよびタイマ0割り込みの処理ルーチン(ISR).

53~56 ：INTピン割り込みの処理.

57~65 ：タイマ0割り込みの処理.

58 ： INTCONのTMR0IFをクリア.

59 ： タイマ0に0x00をセット.

60 ： タイマ0割り込み回数のカウンタをインクリメント.

61 ： 割り込み回数がインタバル値になれば,

62 ： カウンタを0クリア.

63 ： インタバル時間になった旨のフラグをオン.

66 ： 割り込み地点へ復帰.

7.3　タイマ1

　タイマ1は各々8ビット長のTMR1HレジスタとTMR1Lレジスタの2つを合わせた16ビットからなるタイマ／カウンタであり，以下のような特徴を持つ．

- ソフトウェアによる読み込み・書き出しが可能
- カウントアップのクロックソースとして内部または外部クロックが指定可能
- プリスケーラを用いて，カウントアップの間隔を2〜8倍に延ばすことが可能
- 32.768kHzのクリスタルオシレータを接続することが可能であり，これを用いて実時間のタイマ（リアルクロック）を実現することができる
- オーバフロー時に割り込みを発生させることが可能
- ゲートと呼ばれる信号のオン・オフによりカウントを開始したり停止させることが可能
- キャプチャ／コンペア機能において時間計測に使用される（なお，本機能については12章で説明する）

7.3.1　タイマ1の動作

　T1CONレジスタでタイマ1の基本的な動作を指定する．

　まずTMR1CSでクロックソースを指定する．T1OSI/T1OSOピン間にクリスタルオシレータを接続して使用する例については，7.3.2項で述べる．T1CKPSでプリスケール値を指定する．なおプリスケール値は最大で1:8までである．

　$\overline{\text{T1SYNC}}$はFoscを外部クロック入力信号に同期させるか否かを指定するビットであるが，$\overline{\text{T1SYNC}}$=1（同期させない）とすると，スリープ状態でもタイマ1を動作させ，**タイマ1オーバフロー割り込み**を起こさせることができる．これにより，オーバフロー割り込みが発生した時のみ必要な処理を行わせ，それ例外はスリープ状態にすることができるため，システムの消費電力を削減することができる．

　なお，**タイマ1を動作させるためには，TMR1ON=1（タイマ1を使用する）にしなければ**ならないことに注意すること．

　タイマ1を使って時間を計測したり，時間に依存した制御を行う方法はタイマ0とほぼ同じである．タイマ1は16ビット長であるため，より高精度の時間処理ができる．ただしプリスケール値の最大は8であることに注意する必要がある．

ビット	7	6	5	4	3	2	1	0
T1CON	TMR1CS<1:0>		T1CKPS<1:0>		T1OSCEN	T1SYNC		TMR1ON

TMR1CS<1:0>：タイマ1クロックソース選択
  11：キャパシティブ検出オシレータ
    （CAPOSC）
  10：外部クロックソース
    T1OSCEN=0 なら T1CKI ピン
    T1OSCEN=1 なら T1OSI/T1OSO ピン
    間に接続するクリスタルオシレータ
  01：Fosc
  00：内部命令クロック（Fosc/4）

T1CKPS<1:0>：プリスケーラ値選択
  11： 1:8
  10： 1:4
  01： 1:2
  00： 1:1

T1OSCEN：LP オシレータ使用か否か
  1：使用する
  0：使用しない

$\overline{\text{T1SYNC}}$ ：外部クロック入力の同期制御
  1：Fosc と同期させない
  0：Fosc と同期させる

TMR1ON：タイマ1使用か否か
  1：タイマ1を使用する
  0：タイマ1を使用しない

図7.2 T1CON レジスタ

7.3.2 時計用オシレータを用いたリアルタイムクロックの実現

　クォーツ時計用の周波数32.768kHzのクリスタルオシレータが市販されており，しかも低価格である．PIC16F1827には，T1OSI ピンと T1OSO ピン間にこのオシレータ専用の回路がビルトインされているので，ここにこのオシレータを接続してタイマ1として動作させることができる．回路を図7.3にしめす．C1, C2は発振を安定化させるためのものである．この動作を行わせるにはT1CON=0b10001X01（Xは$\overline{\text{T1SYNC}}$の値）とする．そこでタイマ1の初期値として0x8000を設定すれば，0x10000−0x8000=0x8000（10進数で32768）クロックごとに割り込みが発生する．一方オシレータの周波数は32.768kHzであるから，この割り込みはちょうど1秒ごとに発生する．この1秒を元に，分，時などの時刻情報や，さらには日，月，年などのカレンダー情報も生成することができる．精度はクォーツ時計と同じ月差 ± 20秒程度である．なお全体として実用的なリアルタイムクロックを実現するためには，時刻や年月日などを外部（パソコンなど）から設定したり補正するような機能も併せて用意しなければならないことに注意すること．

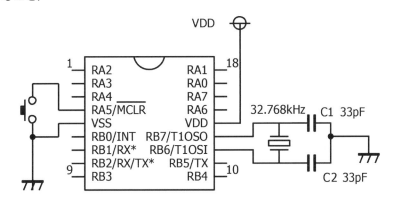

図7.3 時計用クリスタルオシレータの接続

7.3.3　タイマ1のゲート制御

タイマ1には**ゲート機能**がある．ゲートとは，ゲートが開いている間はタイマをカウントアップするが，ゲートを閉めるとカウントアップを停止するという機能である．これによりゲートが開いていた時間を求めることができる．このゲート機能はT1GCONレジスタで制御する．

ビット	7	6	5	4	3	2	1	0
T1GCON	TMR1GE	T1GPOL	T1GTM	T1GSPM	T1GGO/DONE	T1GVAL	T1GSS<1:0>	

TMR1GE：TMR1ON=1の時タイマ1ゲート
機能を使用か否か
　1：ゲート機能を使用する
　0：　〃　　　　使用しない

T1GPOL：タイマ1ゲート制御論理正負選択
　1：ゲートはactive-high（ゲート=Hの
　ときにタイマ1カウントアップを実行）
　0：ゲートはactive-low（ゲート=Lの
　ときにタイマ1カウントアップを実行）

T1GTM：ゲート・トグルモード（説明略）

T1GSPM：ゲート制御をシングルパルス・モードとするか否か
　　1：シングルパルス・モード有効
　　0：　　〃　　　　　　　無効

T1GGO/(DONE)：シングルパルス検出状態
　1：シングルパルス検出待ち
　0：シングルパルス検出完了

T1GVAL：ゲートの状態（説明略）

T1GSS<1:0>：ゲート制御ソースの選択
　00：ゲートピン(RB0)
　その他：（説明略）

図7.4　T1GCON レジスタ

なおT1GCONには多少複雑な設定もあるがここでは詳細な説明は行わず，代わりに超音波距離センサーを用いた対象物までの距離測定システムを例題としてゲート制御の仕組みとT1GCONの具体的な設定方法を説明する．

図7.5のような超音波距離センサーが市販されている．開口面が2面あるが，一方が超音波の放射用，他方が反射波の受信用である．このセンサーには表7.2のように4本のピンがあり，また以下のように動作する．

- Trigピン入力を一定時間（HC-SR04では10μs）以上High（以下，Hと書く）にすると，40kHzの超音波が放射され，またEchoピン出力がHになる（若干の時間遅れがあるが無視できる程度）．
- 対象物からの反射波を受信すると，Echoピン出力がLow（以下，Lと書く）になる．

そこでこのEchoのH, Lの状態によりタイマ1ゲートの開閉を行う．タイマ1の初期値を0にしてTrigを一定時間 (10μs) 以上Hにすることにより超音波を放射する．すると上で述べたようにEchoはHになるので，これによりゲートを開ける．その後，反射波を検出するとEchoはLになるのでゲートを閉める．その間にカウントアップされたタイマ1の値を読み出せば，それが，センサーと対象物の間を音波が往復した時間となる．音速は気温にも依存するが，15℃で約340[m/s]であるから，往復時間が分かれば距離を求めることができる．なお時間は往復の時間であるから，距離を求めるときには1/2にする必要があることに注意すること．

図7.5 超音波距離センサー

（サインスマート社製，HC-SR04）

表7.2 ピンの機能

番号	名称	機能
1	Vcc	5V電源入力
2	Trig	本文参照
3	Echo	同上
4	GND	接地

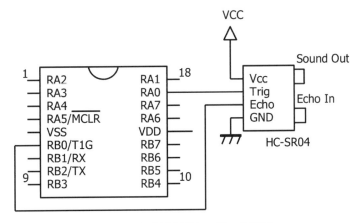

図7.6 超音波距離センサーの接続

実際にPIC16F1827で上記のようなトリガ制御を行う手順は，以下の通りである．

- 図7.6のように，センサーのEchoピンをPICのT1Gピン(RB0)に接続し，入力モードとする．またセンサーのTrigピンはPICの適当なピン（図ではRA0）に接続し，出力モードとする．（なお図ではPICの他のピンについては回路を省略している）

- T1CONを以下のように設定する．

  TMRCS: クロックソース（例えばFosc/4）

  T1CKPS: プリスケール値（例えば2）

  TMR1ON=1（タイマ1を使用）

- T1GCONを以下のように設定する．

  TMR1GE=1（ゲート機能を使用）

  T1POL=1（ゲート=Hでゲート制御）

  T1GSPM=1（シングルパルス・モード）

  T1GSS=00（ゲートピン=RB0）

  T1GGO=1（ゲート制御開始）

- 10 μs以上RA0=1とする．これによりセンサーのTrigがHとなり，またEchoはH（すなわちゲートが開）になる．

- EchoがL，すなわちゲートが閉になるまで待つ．Lになったらタイマ1の値を読み，その値から距離を求める．

●──── **演習問題**

7.1 Fosc=8MHz，プリスケール値=16とし，1msごとにタイマ0割り込みを発生するようにしたい．タイマ0に設定すべき初期値を求めよ．

7.2 上記の問題7.1のように1msごとにタイマ0割り込みが発生するようにする．これをもとに，システムに接続された2つのLED（LED-AとLED-B）を，前者は100ms，後者は350msごとに点滅させるようにするにはどうすればよいか？

7.3 7.3.3項で述べた超音波距離測定において，Fosc=8MHz，クロックソース=Fosc/4，プリスケール値=2と設定したとする．また音速を340m/sとする．このときゲート制御により得られたタイマ1の値をTとしたとき，対象物までの距離D[cm]はどのように求めることができるか，その式をしめせ．

8章 LCD接続

8.1 概要

　LCD(Liquid Crystal Display)は液晶を用いた表示器であり，キャラクタ表示用のデバイスとしてよく使われる．ドット・マトリクス表示により，英数字，記号，半角カタカナなどを表示できる．インタフェースとしては，1980年代前半に日立製作所(現在はルネサス・エレクトロニクス)が開発したLCDコントローラであるHD 44780 LSIのインタフェースがほぼ業界標準となっている．実際の製品は，サイズ(表示できる文字数や行数)やバックライトの有／無，駆動電圧などでいくつかの種類がある．

　この章では，図8.1のLCDを用いて，このパネル上にキャラクタを表示する方法について述べる．他の類似のLCDについても上述のようにインタフェースはほぼ同じである．

文字数：16文字×2行
電源：5V駆動
バックライト付き

図8.1 LCD
(Sunlike社製，SC1602BSLB)

8.2 LCD SC1602の構成と表示動作の基本

(1) 構成，ピンの機能

　図8.2に構成，表8.1に各ピンの説明をしめす．なお「バックライトなし」装置ではA, Kピンは無い．

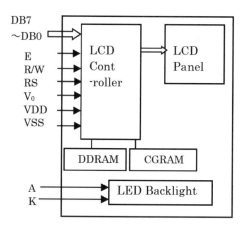

図8.2 LCDの構成

　PICからLCDへ送出する情報には，コマンドとデータの2種類がある．いずれかをRSで指定する．CGRAMはあらかじめ用意された文字以外のキャラクタをビットパターンで作成して表示させるためのものであるが，本書では使用しないため，以下では説明を省略する．

表8.1　各ピンの機能

ピン	説明
VDD	電源 (5V)
VSS	GND (0V)
Vo	コントラスト調整用アナログ電位入力
RS	コマンド／データ選択 　1：データ，0：コマンド
R/W	リード／ライト選択 　1：リード，0：ライト
E	ENABLE信号 以下の順に設定することで上記RS，R/Wで選択した動作をDB0 〜 DB7ピンに対して実行する。 　0→1→0 それぞれの間隔は0.22μs以上空ける
DB0 〜 DB3	データ下位4ビット（入出力） 　4ビットモードの場合は使用しない
DB4 〜 DB7	データ上位4ビット（入出力） 　4ビットモードで使用する場合，1バイトを2回に分けて送信する
A, K	バックライト用LEDへの電源供給ピン

(2) コマンド

　コマンドはLCDの動作を指示するものであり，1つのコマンドは1バイト（8ビット）で構成される．主要なコマンドを表8.2にしめす．

表8.2　LCDのコマンド（一部省略）

項番	コマンド	DB								動作	実行時間
		7	6	5	4	3	2	1	0		
1	Clear Display	0	0	0	0	0	0	0	1	全表示クリア後カーソルをホーム位置（0x00）へ	37μs
2	Cursor Home	0	0	0	0	0	0	1	*	カーソルをホームへ移動. 表示内容は変化なし（*は任意）	1.6ms
3	Entry Mode Set	0	0	0	0	0	1	I/D	S	カーソルのインクリメント方向, 表示シフト I/D：1: 右, 0: 左 S：1: 表示シフトオン, 0:オフ	1.6ms
4	Display ON/OFF	0	0	0	0	1	D	C	B	表示やブリンクの有無 D：1: 表示オン, 0: オフ C：1: カーソルオン, 0: オフ B: 1: ブリンクオン, 0: オフ	37μs
5	Cursor/Display Shift	0	0	0	1	S/C	R/L	*	*	カーソルと表示の動作 S/C：1: 表示シフトオン, 0: オフ R/L：1: 右, 0: 左	37μs
6	Function Set	0	0	1	DL	N	F	*	*	通信モード, 表示行数, フォントサイズ DL：1: 8ビット, 0: 4ビット N：1: 2行, 0: 1行 F：1: 5×11ドット, 　　0: 5×8ドット	37μs
7	Set DDRAM Address	1	DDRAMのアドレス							DDRAMのアドレス（カーソル位置）をセット	37μs
8	Read Busy flag and address	BF	アドレス							前コマンドの実行中か否か 　BF：1: 実行中, 0: 終了 前コマンドのDDRAMまたはCGRAMのアドレス	0μs

8

説明　　　　　　　　　　　　　　　　　　（数字は行番号）

項番1～5 ：動作欄に説明した通りである.

項番6 ：

- DL： PICから8ビットの情報を送るのに, 8ピンを用いるモード（8ビットモード）と4ピンで送るモード（4ビットモード）がある. 4ビットモードでは, 1バイト＝8ビットの情報を上位4ビット, 下位4ビットの2回に分けて送る. 初期設定でLCDを4ビットモードにする方法については後述する.

- N： 出力する行数. 2行を指定する.

項番7 ： 一般的に, PICから送られたデータはその時点でカーソルが存在するロケーションに対応するアドレスのDDRAM (Display Data RAM)に格納され, 同時にパネルの対応するアドレスに表示される. また項番3のコマンドでI/D=1に設定しておけば, 表示したあとカーソルは1文字分だけ右に移動する. ただし1行目から2行目への改行は自動的には行われないので注意が必要である. この改行の時や, カーソルを積極的にある場所に位置付けたいときに本コマンドを使用する. 16文字×2行のLCDの場合, パネルのロケーションとDDRAMのアド

レスの対応は図8.3のようである．　1行目のアドレスと2行目のアドレスは連続していないことに注意すること．

図8.3　LCDパネルのアドレス

項番8　：PICから送られたデータは，上述のように一旦DDRAMに格納されてパネルに表示されるが，表示を行うにはある程度の時間がかかる．そこでリードモード (R/W=1) でこのコマンドを実行すると，まだ前のコマンドやデータの処理が終わっていない場合はビジーすなわちBF=1となる．PIC側ではBF=0になるまで待ち，BF=0になったら次のデータを送るようにする．ただしこのように処理を行おうとすると，モードをライト→リード→ライトのように切り替える必要があり，またR/Wピンに接続するためにPICの1ピンを余分に使う必要がある．そこで本書ではこれを使わず，データを転送したら一定の時間だけ待つ方法とする．またLCDのR/WピンはGNDに接続しておく，すなわち，ライトモードに固定しておく．

（3）信号のセット

ライトモードでの各信号の設定は以下のように行う．

(a) 8ビットモードの場合

●情報ビットをセットする (DB7～DB0)

●データ／コマンドの別をセットする（RSビット）

●ENABLEビットを，オフ(0) →オン(1) →オフ(0)と切り替える．これによりLCDはDB7～DB0のデータを読み取り，コマンドの実行またはLCDへの表示を行う．

●各信号のタイミングについては，以下の制約がある．

t_{AS}（RS信号セットアップ～E信号立ち上がり）：10ns 以上

PW_E（E信号幅）：230ns 以上

t_{cycE}（E信号繰り返し時間）：500ns 以上

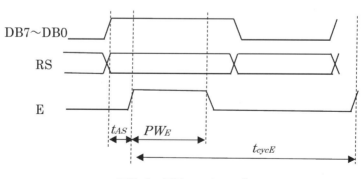

図8.4　信号のタイミング

PICのクロック周波数を 8 MHzとすれば，1命令の実行時間は4/(8MHz)＝500nsecであるから，t_{AS}やPW_Eについてはそれほど気にする必要はない．しかし複数文字を連続して表示し

ようとする場合は，t_{cycE}の制約（500nsec 以上）に注意する必要がある．そこで次に述べるプログラムでは，1文字表示後に1 msecの待ち時間を挿入するようにしている．

(b) 4ビットモードの時

　まず情報の上位4ビットをセットして上記の処理を行い，次に下位4ビットについて同じ処理を行う．信号のタイミングについては8ビットモードと同じである．

(4) 表示キャラクタ

　文字データはアスキーコードで表され，図8.5のような英数字，記号，半角カタカナなどが指定できる．CGRAMはユーザが独自のドットパターンを定義するためのものであるが，ここでは使用しないため説明は省略する．

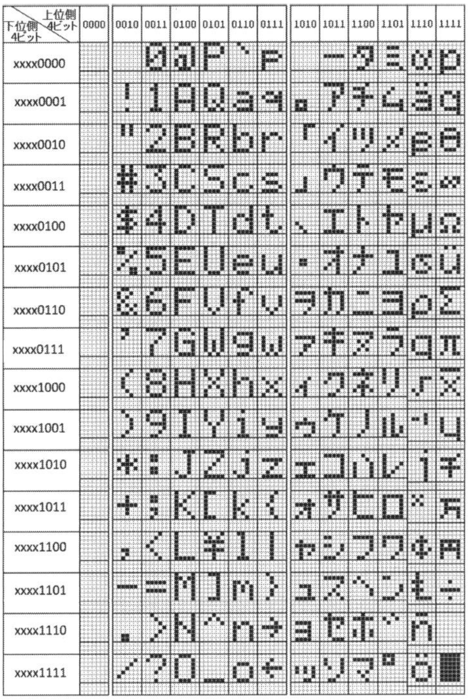

図8.5　LCDに表示可能なキャラクタ

(5) 4ビットモードの設定と初期設定

　8ビットモードではPICの8本のピンがデータ入出力のためだけに占有されてしまう．それを避けるため，4ビットモードで使用されることが多い．このモードではLCD側はDB7～DB4のピンのみを用いる．表8.3のような手順で4ビットモードに設定し，また初期化を行う．

　これらのコマンド実行時はRS=0（コマンド）としておく．ステップ5までは8ビットモードであるが，DB3～DB0は送出しない．8ビットモードを3回繰り返すのは以下の理由による．

- ●LCDがもともと8ビットモードになっていれば，ステップ5の直前でも8ビットモードであり，ステップ5の実行で4ビットモードになる．
- ●もともと（何らかの理由により）4ビットモードになっていれば，1回目のデータは情報8ビットのうちの上位4ビット，2回目は下位4ビットとみなされ，正しい動作が行われない

恐れがある．3回目の8ビットモード設定で確実に8ビットモードになり，次のステップ5の実行で4ビットモードになる．

ステップ6以降は，4ビットモードで動作するので，8ビットの情報を2回に分けて送る．なお，各コマンド間の待ち時間は，LCDコントローラの初期設定や各コマンドの処理完了を待つためである．

表8.3 4ビットモードの設定と初期設定

ステップ	DB				コマンド	説明
	7	6	5	4		
1	電源投入後15ms待つ					
2	0	0	1	1	Function Set DL=1	8ビットモード設定（1回目）
	4.1ms以上待つ					
3	0	0	1	1	Function Set DL=1	8ビットモード設定（2回目）
	100μs以上待つ					
4	0	0	1	1	Function Set DL=1	8ビットモード設定（3回目）
	40μs以上待つ					
5	0	0	1	0	Function Set DL=0	4ビットモード設定
	40μs以上待つ					
6	0	0	1	0	Function Set N=1	2行表示モード設定
	1	0	0	0		
	40μs以上待つ					
7	0	0	0	0	Display ON/OFF D=1 C=B=0	ディスプレイON カーソルOFF ブリンクOFF
	1	1	0	0		
8	0	0	0	0	Entry Mode Set I/O=1 S=0	エントリモード設定 カーソル移動は右方向 表示シフトはOFF
	0	1	1	0		
	40μs以上待つ					
9	0	0	0	0	Clear Display	全表示クリア カーソルをホーム位置へ
	0	0	0	1		

8.3 LCDへの文字表示システムの作成

PICにLCDを接続し，LCD上にメッセージを表示するシステムを作成する．

(1) システム構成

図8.6のようにPICとLCDを接続する．4ビットモードで動作させるので，データ送信用にPIC側ではRB7〜RB4，LCD側ではDB7〜DB4のみを使う．LCDのRS, EピンはそれぞれRA0, RA1に接続し，R/WピンはGNDに接続する．

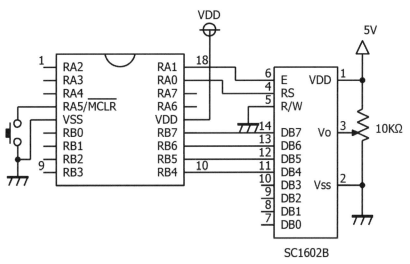

図8.6 LCDへの文字表示

(2) LCD用ライブラリ関数の作成[注1]

LCDは他のシステムでも使用されることが多いため，LCDアクセス関連のプログラムを共通的なライブラリとしておくのがよい．そこで表8.4のようなライブラリ関数を用意する．また，このライブラリ関数のプログラムをリスト8.1にしめす．

表8.4 LCD用ライブラリ関数

関数	機能	記事
void LCD_init (void)	LCDを初期設定し，4ビットモードにする．	
void LCD_4b_write (unsigned char c)	他の関数から呼ばれる内部関数． cの上位4ビットをDB7〜DB4に送る．	
void LCD_mode_set(void)	4ビットモード設定の処理においてLCD_initから呼ばれる内部関数．	
void LCD_cmd_write (unsigned char c)	LCDに4ビットモードで制御コマンドを送る． c：コマンド	
void LCD_data_write (char c)	LCDに4ビットモードでデータを送る． c：データ	
void LCD_clear (void)	LCDの画面をクリアする．	カーソルは左上端に位置付けられる．
void LCD_locate (unsigned char row, unsigned char col)	カーソルを位置付ける． row：行　col：列	左上端をrow=0，col=0とする．
void LCD_putc (char c)	LCDに1文字を表示する． c：文字	
void LCD_puts(char *string)	LCD_putcを使って文字列を表示する． *string：　文字列へのポインタ	

注1 Linuxでライブラリ（静的ライブラリ）関数を作成・使用するには，「ライブラリ関数を作成・コンパイルしたのち，arコマンドでlibxxx.a (xxxは適当な名前)として，適当なライブラリファイルに登録する」「あるプログラムで使用する場合は，リンク時に対象のライブラリファイルを指定する」とするのが一般的である．MPLAB Xでも同様な方法でライブラリを作成したり組み込んだりする方法があるが，ここでは簡単化のため，ライブラリのソースプログラムファイルを直接プロジェクトに組み込む方法とする．

■ リスト8.1　LCD ライブラリ関数

```
1  /*****************************************************
2           LCDライブラリ関数
3  *****************************************************/
4  #include "LCD.h"
5  #define _XTAL_FREQ  800000
6
7  void LCD_init(void)
8  {
9    __delay_ms(15);  // 15msec以上待つ
10   LCD_mode_set(0x30);  // Function Set  DL=1 (8bit mode)
11   __delay_ms(5);  // 4.1msec以上待つ
12   LCD_mode_set(0x30);  // Function Set  DL=1 (8bit mode))
13   __delay_us(100);  // 100μsec以上待つ
14   LCD_mode_set(0x30);  // Function Set  DL=1 (8bit mode)
15   __delay_us(50);  // 40μsec以上待つ
16   LCD_mode_set(0x20);  // Function Set  DL=0 (4bit mode)
17   __delay_us(50);  // 40μsec以上待つ
18   LCD_cmd_write(0x28);  // Function Set DL=0(4bit mode)  N=1(2lines) F=0(5x8dots)
19   __delay_us(50);  // 40μsec以上待つ
20   LCD_cmd_write(0x0C); // Display ON/OFF  D=1 C=0 B=0
21   __delay_us(50);  // 40μsec以上待つ
22   LCD_clear();  // クリア，ホームポジションに
23   __delay_us(50);  // 40μsec以上待つ
24   LCD_cmd_write(0x06);  //Entry Mode  I/D=1(increment)  S=0 (shift off)
25   return;
26 }
27
28 void LCD_4b_write(unsigned char c)
29 {
30   D7 = (c >> 3) & 0x01;
31   D6 = (c >> 2) & 0x01;
32   D5 = (c >> 1) & 0x01;
33   D4 = c & 0x01;
34   return;
35 }
36
37 void LCD_mode_set(unsigned char c)
38 {
39   RS=0; //コマンド，RS, ENBL, DBとポートとの対応はLCD.hで定義する
40   LCD_4b_write((c >> 4) & 0x0F);
41   E=1;
42   E=0;
43   return;
44 }
45
46 void LCD_cmd_write(unsigned char c)
47 {
```

```
48    RS=0; // コマンド
49    LCD_4b_write((c >> 4) & 0x0F);
50    E=1;
51    E=0;
52    __delay_ms(1);
53    LCD_4b_write(c & 0x0F);
54    E=1;
55    E=0;
56    __delay_ms(1);
57    return;
58 }
59
60 void LCD_data_write(char c)
61 {
62    RS=1; //データ
63    LCD_4b_write((c >> 4) & 0x0F);
64    E=1;
65    E=0;
66    __delay_ms(1);
67    LCD_4b_write(c & 0x0F);
68    E=1;
69    E=0;
70    __delay_ms(1);
71    return;
72 }
73
74 void LCD_clear(void)
75 {
76    LCD_cmd_write(0x01);
77    __delay_ms(5);
78    return;
79 }
80
81 void LCD_locate(unsigned char row, unsigned char col) // 2行LCD  row: 行  col: 列
82 {
83    unsigned char addr;
84    switch(row){
85        case 0: addr=0x00;
86                break;
86        case 1: addr=0x40;   // 行==1の先頭アドレスは0x40
88                break;
89    }
90    if(col>0x15)
91        col=0;
92    addr+=col;
93    addr+=0x80;     //  "Set DDRAM Addr."コマンドをセット
94    LCD_cmd_write(addr);
95    return;
96 }
```

8

```
 97
 98  void LCD_putc(char c)
 99  {
100    LCD_data_write(c);
101    return;
102  }
103
104  void LCD_puts(char *string)
105  {
106    unsigned char i;
107    for(i=0; string[i]!='¥0'; ++i) {
108      LCD_putc(string[i]);
109      __delay_ms(5);
110    }
111    return;
112  }
```

説明

4 ：本ライブラリ関数用のヘッダファイル (LCD.h) をインクルードしておく (内容については後述)

7行目以降の各関数の機能は表8.4に記述した通りである．なお各処理待ち時間は指定の値よりやや長めとしている．

　上記ライブラリを適当な名前をつけて (例えばLCD_lib.c) ファイルとして格納するとともに，自プロジェクトに組み込む．また次にしめすLCDライブラリ用ヘッダファイル (LCD.hというファイル名とする) を作成する．これはライブラリの各関数のプロトタイプ宣言，および信号ピンと実際のポート名やピン名の対応を定義したものである．内容は以下のように作成する．これもヘッダファイルとしてプロジェクトに組み込み[注2]，また本ライブラリの呼び出し側プログラムでもインクルードしておく．

■ リスト 8.2　LCD ライブラリ用ヘッダファイル

```
 1  /****************************************************
 2      LCDライブラリ用ヘッダファイル
 3  ****************************************************/
 4  #ifndef  LCD_H
 5  #define  LCD_H
 6  #include <xc.h>
 7
 8  /********** 関数のプロトタイプ宣言 ***************/
 9  void LCD_init(void);
10  void LCD_4b_write(unsigned char c);
11  void LCD_mode_set(unsigned char c);
12  void LCD_cmd_write(unsigned char c);
```

注2 [Projects] ウィンドウで [Header Files] に組み込む．

```
13  void LCD_clear(void);
14  void LCD_locate(unsigned char row, unsigned char col);  // row: 行  col: 列
15  void LCD_putc(char c);
16  void LCD_puts(char *str);
17
18  #define MAXLINE 16
19  #define MAXROW   4
20
21  /*************   入出力ピンの定義   ****************/
22  #define  RS   RA0
23  #define  E    RA1
24  #define  RW   RA2
25  #define  D7   RB7
26  #dcfinc  D6   RB6
27  #define  D5   RB5
28  #define  D4   RB4
29
30  #endif
```

(3) LCDへのメッセージ表示システム用のプログラム

上記LCDライブラリを用いてLCDにメッセージを表示させるプログラムをリスト8.3にしめす.

■ リスト8.3　LCDへのメッセージ表示プログラム

```
1  /*****************************************************************************
2                  LCDへのメッセージ表示
3  *****************************************************************************/
4  #pragma config FOSC = INTOSC, WDTE = OFF, PWRTE = ON, MCLRE = ON, CP = OFF
5  #pragma config CPD = OFF, BOREN = OFF, CLKOUTEN = OFF, IESO = OFF
6  #pragma config FCMEN = OFF, WRT = OFF, PLLEN = OFF, STVREN = ON, LVP = OFF
7
8  #include <xc.h>
9  #include "LCD.h"
10
11  #define_XTAL_FREQ  8000000
12
13  /************ main  *************/
14  int main(void)
15  {
16    unsigned char num = 1;
17    char msg1[]="Hello        ";
18    char msg2[]="How are you?";
19    char msg3[]="Bye          ";
20    char *msg;
21    OSCCON=0x72;        // 8MHz
22    ANSELA=0x00;
23    ANSELB=0x00;
```

```
24    TRISA=0x00;
25    TRISB=0x00;
26
27    PORTB=0x00;
28
29    LCD_init();     // LCDの初期設定
30    LCD_clear();
31    LCD_puts("PIC16F1827");
32
33    while(1) {
34      switch(num) {
35        case 1: msg=msg1;
36                break;
37        case 2: msg=msg2;
38                break;
39        case 3: msg=msg3;
40                break;
41      }
42      LCD_locate(1,0);               // 2行目に位置付け
43      LCD_puts(msg);
44      ++num;
45      if(num>3)
46        num=1;
47      __delay_ms(2000);             // 2秒待つ
48    }
49  }
```

説明

（main関数より前の部分は4章のプログラムに同じ）

31 ：   1行目に"PIC 16F 1827"と表示する.

33 ：   以下の処理を繰り返す.

35~40 ：msgにnum番目のメッセージ（"Hello", "How are you?"など）をセット.

42 ：   2行目のの先頭に位置づけ.

43 ：   msgを出力.

44~46 ：numをインクリメントし，3より大きくなったら1に戻す.

47 ：   2秒間そのままとする.

演習問題

8.1 LCDをマイコンに接続して用いる主な目的はどれか？

(a) パソコンとの接続　　(b) 2進数への変換　　(c) メッセージの表示　　(e) 信号の送受信

8.2 リスト8.3の17～19行目において，msg1, msg2, msg3はいずれも長さ12の文字列として定義している．これは何故か？

8.3* リスト8.3の43行目で，LCDに"Hello"，"How are you?"などのメッセージを出力している．このメッセージの前に，以下のようにメッセージ番号も出力するようにしたい．

1. Hello
2. How are you?
3. Bye

プログラムをどのように変更すればよいか？

> ▶**ヒント**
>
> unsigned char変数では，数字はバイナリ値として格納されている．一方，LCDに数字を表示するにはアスキー文字として出力しなければならない．またアスキー数字文字とバイナリ値との関係は
>
> 　アスキー数字文字＝バイナリ値＋0x30
>
> である．

8.4* プログラムデバッグ中にレジスタ（ファイルレジスタを含む）の中身を確認するため，値をLCDに表示したい場合がある．なおPICでのレジスタは8ビットであるが，値は文字とは限らないため，16進数2桁で表示するものとする．今，変数名がabcであるとしたとき，これを出力するにはどうすればよいか？

> ▶**ヒント**
>
> まず以下のような文字配列（文字列）を定義する．
>
> 　char hex[]="0123456789ABCDEF";
>
> また以下のような2つの変数を定義する．
>
> 　unsigned char upper, lower;
>
> そしてこれらの変数それぞれに，出力対象のレジスタ（今の場合，abc）の上位4ビット，下位4ビットの値を取り出し，hex[upper]とhex[lower]をLCDに出力すればよい．

8

8.5* 16文字×2行のLCDを4ビットモードで使用し，以下のような手順で，LCDに文字列"Hello"を表示しようしている．

```
LCD_init();
LCD_clear();
LCD_puts("Hello");
```

しかしLCDにはHdllnと表示されてしまう．

このエラーの原因と考えられる最も確率の高いものは以下のうちいずれであるか？

(a) LCDが破損している．

(b) プログラムにミスがある．

(c) LCDのDB4ピンが誤ってアースに接続されている．

(d) LCDのDB5ピンが誤ってアースに接続されている．

9章 UART／USARTによる シリアル通信

Serial Communication by UART/USART

9.1 シリアル通信[注1]

　1980—90年代のパソコン（以下，PC）では，一般にRS232C規格によるシリアル通信機能がサポートされ，周辺機器との接続やPC同士の通信などに幅広く使われてきた．しかし最近のPCでは，RS232Cの代わりにUSBによる接続が主流になりつつあるため，RS232Cコネクタが付いていないPCが多い．しかしRS232Cは現在でもFA(Factory Automation)などの分野で広く用いられているため，RS232Cコネクタ無しのPCにおいても，USB−シリアル変換によるRS232Cに準拠したシリアル通信が可能な，仮想COMポート[注2]がサポートされている．

　最近のほとんどのマイコン製品には，**UART(Universal Asynchronous Receiver/ Transmitter)** や **USART(Universal Synchronous Asynchronous Receiver/ Transmitter)** によるシリアル通信機能が搭載されている．

　UARTは，通信する機器双方ともクロック生成器を備えて通信を行なう，すなわち**調歩同期のシリアル通信**である．データの送信と受信は別ラインを使用するため全二重の通信も可能である．またその通信手順はRS232Cの通信手順規格のサブセットになっているので，これを用いて比較的容易にPIC − PC間の通信を実現することができる．

　USARTは，一方がマスターとなってクロックを生成し，そのクロック信号に同期して情報ビットの送受信を行なう，すなわち同期式のシリアル通信である．UARTと異なり，1本のラインでデータの送受信を行なうため半二重の通信となる．

　PIC 16F 1827にはUART/USARTの機能を一部拡張したEUSART　(Enhanced USART)機能が用意されている．本章では最も基本であり，また広く使われているUART機能の部分を中心に説明を行なうこととし，USARTについては概要を述べるにとどめる．またEUSARTでの機能拡張については説明を省略する．

注1　USB も広い意味において（パラレル通信，シリアル通信という対比において）はシリアル通信ではあるが，ここでの「シリアル通信」は「調歩同期式シリアル通信」をさすこととする．

注2　厳密には，「COM ポート」とは IBM PC/AT 互換機での呼び方である．また実際の RS232C コネクタを用いた COM ポートは「COM1」または「COM2」という名前で管理され，USB 上の仮想的な COM ポートは，「COM3」，「COM4」，… という名前で管理されている．

（1）パラレル通信とシリアル通信

　情報を伝送するとき，1単位の情報（例えば1文字，1文字は通常8ビット）を構成するビットを複数の信号線を用いて一度に伝送するのが**パラレル通信**である（8章で述べたLCDとの通信はその例である）．複数のビットを並列に転送するため転送性能は高いが，ケーブルはビット数分必要になり，また配線長を長くすると，ビット間の同期をとるのが難しくなるなどの問題が発生する．このため，コンピュータでは高速転送が必要ではあるが距離は比較的短い内部バス，例えばISAやPCIバス[注3]などで使用されている．

　シリアル通信は，伝送路上に1ビットずつ逐次的に送る方式である．パラレル通信に比べ，信号線は送信・受信用にそれぞれ1本で済む（ただしGND線は必要）．

（2）同期通信，非同期通信

　送信側は，各ビットの値1または0を電圧HighまたはLowとして伝送路に送る．一方，受信側で情報を正しく受け取るには，適切な時点（タイミング）での電圧値から各ビットが1であるか0であるかを判断しなければならない．そこで，「この適切なタイミング」をどう決定するかが問題となる．同期通信では情報を送るための信号線に加え，同期をとるためのクロックを送る信号線を用意する．また送信側・受信側の一方をマスター，他方をスレーブとし，クロックはマスターが供給する．そして，各クロックの立ち上がりや立ち下り時を読み取りタイミングとし，情報信号線のHigh, Lowによりビットが1か0かを判断する（図9.1）．

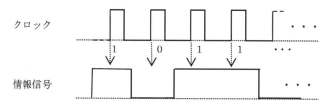

図9.1　同期通信

　同期通信に対し，**非同期通信**とは一般的に同期用のクロックを用いない方法である．**調歩同期通信**（「お互いに歩調を合わせて同期をとる」という意味である）も非同期通信方式の1つである．この方式では，通信する機器いずれもがクロック発生器（PICではボーレート・ジェネレータ：Baud Rate Generatorと呼ばれる）を持ち，同じ周期のクロックを発生させる．また1文字の情報を送る際に，先頭にデータ開始をしめす情報（スタートビット）を付加し，また末尾にデータ終了の情報（ストップビット）を付加して送る．図9.2にしめすように，送信データ

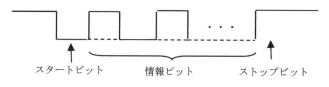

スタートビット　　　情報ビット　　　ストップビット

図9.2　調歩同期通信

注3 ISAバス，PCIバスともパソコンにおいてCPUと周辺機器を接続するバスの規格であり，前者は16ビット幅，後者は32ビット幅である．現在はPCIバスのみが見かけられる．

が無い通常状態では信号線をHighにしておく．送信を開始する時は，信号線をLowにすることによりスタートビットとする．続いて，1文字分のデータを下位ビット(LSB)から順に送り，最後はストップビットとしてHighの状態にする．なお伝送速度(ボーレート：baud rate，単位はbps (bit per second))をどうするか，パリティビットを付加するか否かなどは，あらかじめ送信側，受信側で取り決めておく必要がある．スタート，ストップビットを付加しなければならない分だけ伝送能力は低くなるが，クロック用の信号線が不要であり，また自由なタイミングで通信できるなどの長所がある．

9.2 UART

UARTとは，簡単に言えば，「1バイト(8ビット)の情報を1ビットずつ送受信する機能」，言い換えれば「パラレル信号をシリアル信号に変換する(またはその逆の)機能」ということができる．

図9.3にPIC16F1827のUART用のピンの配置をしめす．RX (RB1またはRB2)がPICへのデータ入力用，TX (RB2またはRB5)がPICからのデータ送信用である．RX, TXとも2ピンが割り振られているが，2ピンのうち1ピンしか使用できない．RXはAPFCON0 (Alternate Pin Function Control Register 0)のRXDTSELビットで，またTXはAPFCON1のTXCKSELビットでいずれのピンを使用するかを指定する．なお，APFCON0 / APFCON1は，ある機能が2つ以上のピンに割り振られているものについて，いずれのピンを有効とするかを指定するためのレジスタであり，詳細は付録Bで説明している．

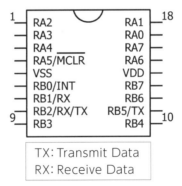

図9.3 PIC16F1287のUART用ピン配置

(1) 送信

UARTの送信(TX)関連の機能ブロックを図9.4にしめす．左下のボーレート・ジェネレータは伝送速度(ボーレート)に応じたクロックを生成するブロックである．基本的にはFoscを分周して生成する．ボーレートの具体的な設定方法については後述する．

送信は以下のような手順で行う．

- TXSTAレジスタは，送信方法を指定したり，送信状態を表すレジスタである(図9.5)
- プログラムで送信したいデータがあれば，まずTXSTAレジスタのTRMTビットによりTSRが空きかどうかをチェックする．TX割り込みフラグ(PIR1レジスタのTXIFビット)がオンでないことをチェックしてもよい．

● 上記チェックにより送信可であることが確認できたら，送信する8ビットのデータを TXREGレジスタに書き込む．これによりTMRT, TXIFビットがセットされる．

● TXREGレジスタに書き込まれたデータは自動的にTSRレジスタに転送され，次にボー レート・ジェネレータからのビットクロック信号に同期してTSRの各ビットがLSBビット から1ビットずつ順にTXピンに出力される．

● 一方，TXREGからTSRへのデータ転送が終了した時点でTXIFがリセットされ，次の データをTXREGレジスタに書き込むことが可能になる．

● シリアル出力が完了しTSRレジスタが空になるとTRMTがリセットされ，次に送信する データがTXREGからTSRに転送され，上記の処理を繰り返す．

● TXSTAレジスタのTX9やTX9Dに関しては後で述べる．

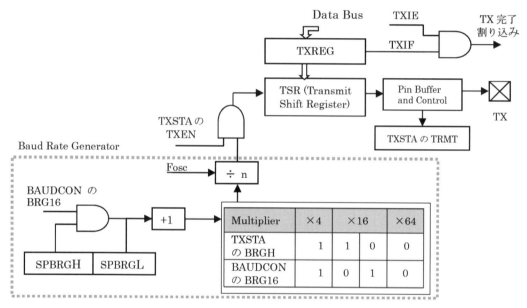

図9.4 UART TX 関連の機能ブロック

ビット	7	6	5	4	3	2	1	0
TXSTA	CSRC	TX9	TXEN	SYNC	SENDB	BRGH	TRMT	TX9D

CSRC: クロック選択（非同期では無視）
TX9: 9ビットモードイネーブル
  1：9ビットモード
  0：8ビットモード
TXEN: 送信イネーブル
  1：可能
  0：不可
SYNC: UARTモード選択
  1：同期
  0：非同期

SENDB: ブレーク文字送信
  1：次で送信指示
  0：完了
BRGH: 高速ボーレート選択
  1：高速
  0：低速
TRMT: TSR レジスタ状態通知
  1：TSR 空き
  0：空きでない
TX9D: 送信データ9ビット目（パリティビ ットデータ入力）

図9.5 TXSTAレジスタ

(2) ボーレート

ボーレートはTXSTAレジスタのBRGHビットとSPBRGレジスタ（それぞれ8ビットからなるSPBRGHとSPBRGLを合わせたもの．なお図は省略）で指定された値によって決められる．なお具体的なボーレートの計算方法は以下に述べるように多少複雑である．

- BRGHは高速サンプル／低速サンプルを指定するビットである．

  BRGH=1 ：高速サンプル

  BRGII=0 ：低速サンプル

意味的には次に述べるように，ボーレートの計算式が異なると考えればよい．

- UARTサンプリング用クロックは，大まかにはSPBRGレジスタで指定された値の整数倍でFoscを分周することにより生成される．すなわちボーレートを低くしたければSPBRGに大きな値を設定することになる．しかし近年は高いクロック周波数(Fosc)が使用される傾向にあるため，8ビットのSPBRGではビット数が不足する（8ビットでは最大255までしか表現できない）場合もでてきている．このため，BAUDCONレジスタのBRG16ビットが1であれば，SPBRGHレジスタとSPBRGLレジスタを結合して16ビットに拡張する方法となっている（BRG16=0であれば，SPBRGLだけが使用される）．

図9.6 BAUDCON レジスタ

- 具体的なボーレート（単位はbps）の計算式を表9.1にしめす．ここでnはSPBRG（SPBRGLまたはSPBRGHとSPBRGLとを連結した）レジスタの値であり，また[ ]は小数点以下を切り捨てて整数値にすることを意味する．この切り捨てにより希望するボーレートと多少異なったボーレートになる．これをボーレート・エラーというが，このエラー率が大きいと通信相手のクロックとの同期がとれず，通信エラーが発生する恐れがある．このエラー率を小さくするには，分母の定数の値が小さいBRGH=1やBRG16=1にするのが有利である．

表9.1 BRGH/BRG16 の値とボーレート計算式

BRGH	BRG16	ボーレート
0	0	Fosc/[64(n+1)]
1	0	Fosc/[16(n+1)]
0	1	
1	1	Fosc/[4(n+1)]

●表9.2にFosc=8MHz, BRGH=1, BRG16=1の場合の代表的なSPBRGの値とボーレート, およびボーレート・エラー率をしめす. なおPIC16F1287では, ボーレートは最高115.2kbps程度まで設定することができるが, 表9.2では高いほうのボーレートに関しては省略している.

表9.2 SPBRGの値とボーレート (8MHz, BRG=1, BRG16=1)

希望ボーレート(bps)	SPBRGの値(10進数)	実際のボーレート(bps)	ボーレート・エラー (%)
1200	1666	1200	-0.02
2400	832	2401	0.04
9600	207	9615	0.16
10417	191	10417	0.00
19200	103	19230	0.16

（3）受信

UARTの受信(RC)関連の機能ブロックを図9.7にしめす.

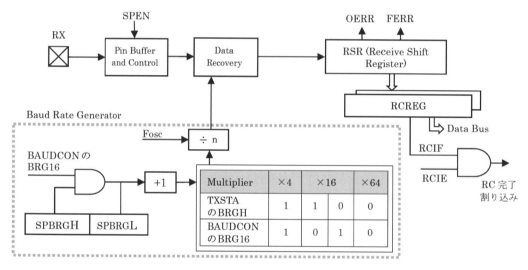

図9.7 UART RC 関連の機能ブロック

●図9.7左下のボーレート・ジェネレータはTXの場合と同様である. 送信側と同じボーレートを設定しなければならない.

●RCSTAレジスタは, 受信方法を指定したり, 受信状態を表すレジスタである (図9.8).

●RXピンから入力される信号を常時観測しておき, スタートビットを検出したら, その後の情報ビットを順次RSRに格納していく.

●ストップビットを検出したら, RSRからRCREGレジスタへデータを転送し, またRCIFビットをオンにする.

●ソフトウェアでは, このRCIFビットを監視しておき, オンになったら受信が完了したことを知り, RCREGに格納されているデータを読み出すことができる. なおRC割り込みを可(RCIE=1)にしておけば, 割り込みによっても受信完了を知ることができる.

● RCREGはダブルバッファになっているので，RCREGレジスタにアクセス中でも次のデータを連続して受信することができる．ただしRCREGレジスタは2個しかないので，次のデータの受信が完了するまでには前のデータに対するソフトウェア側の処理を完了しておく必要がある．もし完了していないと，オーバラン・エラー(OERR)やフレーミング・エラー(FERR)などが発生する．いずれかのエラーが発生した場合は，いったんRCSTAレジスタをクリアしてUSARTモジュールをディスエーブルにしたあと，再度RCSATレジスタを設定しなおす必要がある．

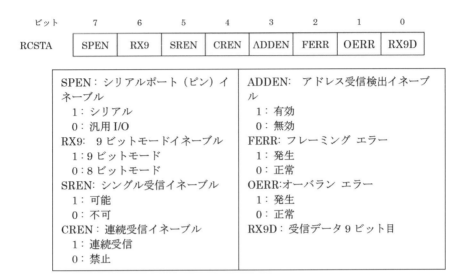

図9.8 RCSTA レジスタ

(4) 9ビット目の送受信

UARTでの基本的な送受信単位は1バイト（8ビット）であるが，PIC 16F 1827のEUSARTでは9ビット目を送受信できる．この9ビット目をどのように使うかは利用者に任されている．例えば，パリティチェックビットとして，あるいはコマンドか情報かの区別などに用いることができる．

● 9ビット目を送信するには，TXSTAレジスタでTX9=1とし，またTX9Dに9ビット目の値を設定する．また受信側では，RCSTAレジスタでRX9=1と設定しておくと，受信した9ビットの目の値がRX9Dに設定される．

● 9ビット目をパリティチェックビットとして使用する場合でも，チェックビットの生成や，チェック処理自身は利用者プログラムに任されている点に気をつける必要がある．

なお本書では9ビット目を使わないため，図9.4，図9.7の機能ブロック図では省略している．

9.3 UARTによるパソコンとの メッセージ通信システムの作成

　UARTでは1バイトごとに文字データやバイナリデータを送受信することができるが，これらが混合する場合は両者の切り分けが必要になり，特別な工夫が必要である（例えばBase64伝送方式では，バイナリデータもすべて文字に変換して送受信する）．そこで，以下では最も基本的である文字または文字列からなる情報の送受信について述べる．なおこれらの情報のことを，以下ではメッセージと呼ぶことにする．UARTを用いたメッセージ通信で最も多く使われているのはパソコンとの通信である．パソコンとの間で各種メッセージの送受信や，PICプログラムのデバッグのためなどに使用される．

　パソコンとはUSBケーブルで接続する．ただしパソコンのUSBの方は仮想COMポートとして用いる．そのためには，マイコン側でUART-USB変換器が必要になるが，図9.9のような小型で比較的安価な変換器が市販されているので，それらを使うとよい．なお変換器の端子名であるRXDやTXDは，パソコン側から見たデータの流れに基づいて名前が付けられている．したがって，図9.10のように，PICのRXと変換器のTXD，PICのTXと変換器のRXDをつなぐことに注意する必要がある．

図9.9　UART-USB変換器
（秋月電子通商社製，FT-232RQ）

　パソコン上のCOMポート通信のプログラムはWin32APIを使ってC++あるいはC#などで自作してもよいが，やや複雑なプログラムになる（作成するなら，インターネットでいくつかの例が公開されているので，これらを参考にするとよい）ので，まずはフリーソフト（TeraTermが有名である）を使用するのがよい．なお，UARTによりPIC同士での通信を行うこともできる．その場合は，図9.11のように2つのPIC間で，RXとTXをクロスするようにつなぐ．以下ではパソコンとの通信方法について述べるが，PIC同士の通信でもプログラム的には全く同じである．

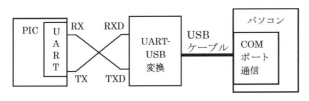

図9.10 PCとのシリアル通信

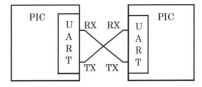

図9.11 PIC同士のシリアル通信

（1）UART用ライブラリの作成

全体のプログラムを作成する前に，まずUART通信のためのプログラムを作成し，これを共通的に利用できるようライブラリ化しておくのがよい．ここでは，表9.3のような関数を用意することとする．また，このライブラリ関数のプログラムをリスト9.1にしめす．

表9.3 UARTライブラリ関数

項番	関数	機能	記事
1	void UART_init(unsigned char bau, unsigned char RTX)	bau：ボーレートを指定する． 　bau=96：9600ボー 　bau=24：2400ボー RTX：RX, TXのピンの対を指定する． 　RTX=1：RX=RB1, TX=RB2 　RTX=2：RX=RB2, TX=RB5	本関数内で指定されたボーレートに対応する値をSPRGレジスタに設定する．さらに高速のボーレートをサポートしたいのであれば，この関数を書き換える． 指定されたピンに基づいてAPFCON0, APFCON1レジスタおよびTRISBレジスタの設定を行う．
2	unsigned char UART_read (void)	受信した8ビット（1バイト）のデータを返す．	
3	void UART_write (unsigned char data)	8ビット（1バイト）のデータを送信する	
4	char UART_getc (void)	1文字を受信する．内部的には単にUART_read関数を呼び出しているだけである．	
5	void UART_gets (char *rmsg)	文字列を受信する．メッセージをrmsgで指定された領域に格納して呼び出し元に戻る．文字列の終わりは'¥0', '¥r'または'¥n'のいずれかで判断する．後二者の場合は，これらの文字を'¥0'に書き換える．	
6	void UART_putc (char data)	1文字を送信する．内部的には単にUART_write関数を呼び出しているだけである．	
7	void UART_puts (char *msg)	指定された文字列を送信する．文字列の終わりは'¥0'であること．'¥0'も含めてメッセージを送る．	

■ リスト9.1　UARTライブラリ関数のプログラム

```
1   /**********************************************************
2              UARTライブラリ関数
3   **********************************************************/
4   #include <xc.h>
5
6   void UART_init (unsigned char bau, unsigned char RTX)
7   {    // bau=24: 2400bps    bau=96: 9600bps
8        // RTX=1:  RX=RB1, TX= RB2
9        // RTX=2:  RX=RB2, TX= RB5
10
11       // UART 機能の設定を行う
12       TXSTA = 0x24; // TX9=0 (8ビット) SYNC=0 (非同期) TXEN=1 (送信可) BRGH=1 (高速)
13       BAUDCON= 0x08;  // BRG16=1
14       if (bau==24) {   // 2400 bps
15         SPBRGH= 832/256;          // 832をHとLに分けて設定
16         SPBRGL= 832%256;
17       }
18       else if (bau==96) {  // 9600bps
19         SPBRG=207;
20       }
21       RCSTA  = 0x90 ;       // 受信情報設定
22       RCIF = 0 ;                // UART割り込み受信フラグの初期化
23
24       if(RTX==1) { // RX=RB1, TX=RB2
25           TRISB =TRISB | 0b00000010;  // RB1 input
26       }
27       else { // RX=RB2, TX=RB5
28           TRISB  = TRISB | 0b00000100 ;    // RB2 input
29           APFCON0bits.RXDTSEL=1;   // RX=RB2
30           TRISB = TRISB & 0b11011111; // RB5 output
31           APFCON1bits.TXCKSEL=1;  // TX=RB5
32       }
33        return;
34   }
35
36   char UART_read(void)
37   {
38       while(!RCIF);
39       RCIF=0;
40       return RCREG;
41   }
42
43   void UART_write(char data)
44   {
45       while(!TRMT) ;       // 送信可能になるまで待つ
46       TXREG = data;       // 送信
47   }
48
```

```
49 char UART_getc(void)
50 {
51     return(UART_read());
52 }
53
54 void UART_gets(char *rmsg)
55 {
56     int i;
57     char rbuf;
58
59     i=0;
60     while(1) {
61         rbuf=UART_getc();
62         if(rbuf=='¥0' || rbuf=='¥r' ||rbuf=='¥n')   // NUL, CR, LFか？
63             rmsg[i]='¥0';
64             break;
65         }
66         else {
67             rmsg[i]=rbuf;
68             ++i;
69         }
70     }
71     return;
72 }
73
74 void UART_putc (char data)
75 {
76   UART_write(data);
77   return;
78 }
79
80 void UART_puts(char *msg)
81 {
82     int i;
83
84     for(i=0; msg[i]!='¥0'; ++i) {
85         UART_putc (msg[i]);
86     }
87     UART_putc ('¥0');
88   return;
89 }
```

9

説明

15~16 ：低いボーレートの場合はSPBRG（2バイト）に大きな値を設定することになる，SPBRGHと
　　　　SPBRGLに分けて設定する必要がある．

38 ：　　1バイトの受信が完了したかをRCIFフラグが1かどうかでチェックする．

45 ：　　TSRが空きになるまで待つ．

54 ： UART_getcを使って文字列を読み込む関数である. ′¥0′, ′¥r′ (CR), ′¥n′(LF)であれば文字列の
終わりと判断する. 文字列をrmsgに格納し，呼び出し元へ戻る.

80 ： UART_putcを使って文字列を出力する関数である. 最後に′¥0′を送信する.

　以上のプログラムをUART_lib.cのように名前を付けてファイルに格納しておく. UARTを
使用するプログラムでは，このファイルをプロジェクトに追加する. また上記ライブラリの関
数プロトタイプ宣言を記述したヘッダファイルを作成し，これをインクルードしておく.

　ヘッダファイルの例をリスト9.2にしめす.

■ リスト9.2　UART ライブラリ用ヘッダファイル

```
 1  /**********************************************************
 2          UARTライブラリ用ヘッダファイル
 3  **********************************************************/
 4  #ifndef UART_H
 5  #define UART_H
 6
 7  void UART_init(unsigned char bau, unsigned char RTX);
 8  unsigned char UART_read(void);
 9  void UART_write(unsigned char data);
10  char UART_getc();
11  void UART_gets(char *rmsg);
12  void UART_puts(char *ms);
13  void UART_putc(char data);
14
15  #endif /* UART_H */
```

(2) パソコンとのメッセージ通信システムの作成

　図9.12にしめすように，PICとUART-USB変換器を接続する. なお前述したように，PICのRX,
TXはそれぞれ変換器のTXDとRXDに接続することに注意すること. なお変換器の電源は
USB端子を経てパソコン側から供給される. 5V+端子は電源出力用の端子であり，パソコン側
のUSB電源供給の許容範囲内であれば，PICが使用する電源をここからとるようにしてもよい.

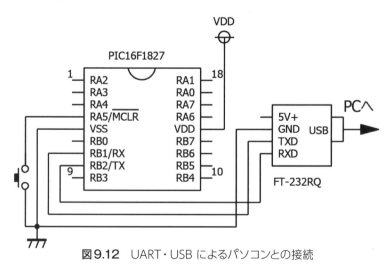

図9.12　UART・USB によるパソコンとの接続

(3) パソコンとのメッセージ交換プログラム

ここでは，PICは起動されると，まずパソコンに“Start”というメッセージを送り，続いて パソコンから受け取ったメッセージに対し，以下のように簡単な応答を返すようにする．

パソコン→PIC	PIC→パソコン
Hello	Kon'nichiwa
How are you?	Genki-desu
Bye	Sayounara
その他	Nandesuka?

PIC側のプログラムをリスト9.3にしめす．

■ リスト9.3　UARTによるパソコンとのメッセージ交換プログラム

```
1  /*************************************************************************
2            UARTによるパソコンとのメッセージ交換
3  *************************************************************************/
4  #pragma config FOSC = INTOSC, WDTE = OFF, PWRTE = ON, MCLRE = ON, CP = OFF
5  #pragma config CPD = OFF, BOREN = OFF, CLKOUTEN = OFF, IESO = OFF, FCMEN = OFF
6  #pragma config WRT = OFF, PLLEN = OFF, STVREN = ON, LVP = OFF
7
8  #include <xc.h>
9  #include <string.h>
10 #include "UART.h"
11 #define _XTAL_FREQ 8000000   // delay用(クロック20MHzで動作時)
12
13 void main()
14 {
15     char hello[]="Hello";
16     char how[]="How are you?";
17     char bye[]="Bye";
18     char kon[]="Kon'nichiwa¥n";
19     char genki[]="Genki-desu¥n";
20     char sayou[]="Sayounara¥n";
21     char nani[]="Nandesuka?¥n";
22     char rmsg[20];
23     char *msg;
24
25     OSCCON=0x72;        // 8MHz
26     ANSELA=0x00;
27     ANSELB=0x00;
28
29     UART_init(96, 1);
30     UART_puts("Start¥n");
31
32     while(1) {
33         UART_gets(rmsg);
34         if(strncmp(rmsg, hello, 2)==0)
35             msg=kon;
```

```
36        else if(strncmp(rmsg, how, 2)==0)
37            msg=genki;
38        else if(strncmp(rmsg, bye, 2)==0)
39            msg=sayou;
40        else
41            msg=nani;
42        UART_puts(msg); // 返事を返す
43    }
44 }
```

説明

特に必要ないと思われるので，省略する．

　パソコン上ではTeraTermを用いる．まずTeraTermを立ち上げ，「シリアル通信」を選択し，さらに「設定」メニューの「端末」および「シリアルポート」サブメニューで以下のような設定を行う．

- **端末**：

    改行コード：受信：Auto　　送信：CR

    ローカルエコー：あり

    その他：デフォルト値

- **シリアルポート**：

    COM ポート：パソコンのCOM ポート番号（デバイスマネージャーで確認する）

    ボーレート：9600

    その他：デフォルト値（8ビット，ノンパリティ等）

　以上の設定が終わったらPICを立ちあげる．PICの初期設定が終わると，パソコンに"Start"というメッセージが送られる．パソコンのTeraTermウィンドウにこのメッセージが表示されたら，以降はパソコンのキーボードから"Hello"などのメッセージを入力することができる．入力したメッセージはPICに送られ，PIC側ではこのメッセージに対応する応答メッセージを返送する（図9.13）．

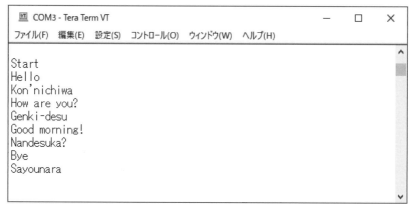

図9.13　パソコンとのシリアル通信（TeraTem の画面）

9.4 USART

　UARTでは通信相手もボーレート・ジェネレータと同じようなクロック生成器を有することが前提である．しかしデバイスによってはこのような機能を有していないものもある．PIC16F1827のような最近のPICでは，そのような機器を対象に，PIC側からクロックを相手に供給しながら同期式シリアル通信を行う機能，すなわちUSART機能がサポートされている．以下ではその概要を述べる．

　処理手順は以下のようである．

- ピン配置を図9.14にしめす．ここでCKはクロック送出，DTはデータの送受信を行うピンである．いずれも2個のピンのうちいずれを割り振るかをAPFCONレジスタで指定する．
- ボーレートはUARTと同じ手順で設定する．
　（SPBRGH, SPBRGLレジスタの設定，およびBRGH, BRG16ビットの設定）．
- TXSTAレジスタを以下のように設定する．
　　SYNC=1　：同期モード
　　CSCR=1　：マスター
- RCSTAレジスタを以下のように設定する．
　　SREN=0, CREN=0　：送信モード
　　SREN=1, CREN=1　：受信モード
　　SPEN=1　：シリアルポートをイネーブル
- 割り込みを使用する場合は，UARTと同様に以下のように設定する．
　　PIE1のTXEN=1
　　GIEのPEIE=1
- 送信の場合はTXREGに送信データをセット．
- 受信の場合は，RCIF=1になったらRCREGレジスタに受信データが格納されているので自分のバッファに読み込む．

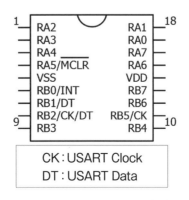

図9.14　PIC16F1287のUSART用ピン配置

9.1 以下はシリアル通信またはパラレル通信の特徴を述べたものである．記述は正しいか？

① シリアル通信での信号線や回線数は，伝送すべきビット数に依存せず送受信に各1本（さらに，必要に応じGND線）だけでよい．

② シリアル通信では，1クロックで複数のビットを同時に送受できる．

③ シリアル通信に比べパラレル通信の方が伝送エラーが起きにくい．

④ マイコンでは，比較的長い距離の伝送にパラレル通信が用いられている．

9.2 以下はUARTの一般的な特徴について述べたものである．記述は正しいか？

① UARTでは通信同期用のクロックをマスターが供給する．

② UARTは調歩同期式の通信方式である．

③ UARTではパリティチェックなどの伝送誤り検出機能を実現することはできない．

④ 2つのデバイス間でUART通信を行うには，事前に同じ通信速度に設定しておく必要がある．

9.3 以下はPICでのUART ／ USART機能の特徴を述べたものである．記述は正しいか？

① 通信速度は9600bps固定である．

② 1バイトの伝送完了ごとに割り込みを発生させることができる．

③ パソコンとシリアル通信を行うには，UART − TCP/IP変換器が市販されているので，それを用いるのがよい．

④ USARTを用いれば，クロック生成器を持たないデバイスとシリアル通信を行うことができる．

9.4* 図9.13のPIC-パソコン間のメッセージ交換システムを動作させたところ，PICからの"Start"メッセージが図9.15のように表示され，また以後パソコンのキーボードからの入力もおかしくなった．回路やプログラムをチェックしたが間違いは無かった．誤りの原因は何か？

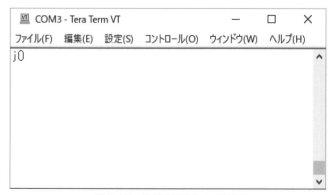

図9.15 演習問題 9.4 の画面

9.5*　図9.13のPIC-パソコン間のメッセージ交換システムにおいて，"Hello"に対する応答を"こんにちは"，"How are you?"に対する応答を"元気です"のように日本語に変えて動作させたが，図9.16のような画面となった．問9.4と同様，回路やプログラムをチェックしたが間違いは無かった．誤りの原因は何か？

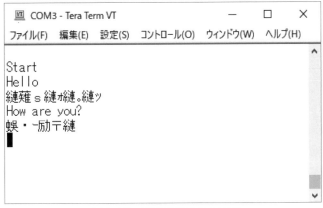

図9.16　演習問題9.5の画面

Column	**Bluetooth によるパソコンとの接続**

　本章ではUARTからUSB経由でパソコンに接続する方法を説明したが，マイコンと無線で接続したい場合もあろう．これはBluetoothのSPPというプロファイルを使えば容易に実現することができる．Bluetoothには種々の機器と接続できるよう多様なプロトコル（Bluetoothではプロファイルと呼ばれている）が定義されている．その中で，シリアルポートでの通信プロファイルであるSPP (Serial Port Profile)を使って通信する．まず市販されているUART-Bluetooth SPP変換デバイスを入手する．このデバイスにはUART-USB変換デバイスと同様にTXDとRXD端子があるから，それらをPICのRX，TXピンと接続する．また電源，GNDを接続する．

　一方パソコン側では，「設定」→「Bluetoothとその他のデバイス」を選択すると対象のデバイスが表示されるので，それを選択してペアリングを行う．実際のペアリングはデバイスに付属している解説書に従って行う．ペアリングが済めば，USB接続での場合と同様にTeraTermなどで通信できる．またPIC側のプログラムには何も手を入れる必要はない．

図9.17　UART-Bluetooth 変換器

（秋月電子通商社製，AE-RN-42-XB）

（注）Bluetooth は電波を用いるため，電波法令で定められている技術基準適合証明のマーク（通称，技適マーク）が付いたものでなければならない．もし付いていない機器を使用した場合，法令違反になることがあるので注意が必要である．

10章 AD, DA変換

AD, DA Conversion

10.1 概要

　温度や湿度や風速など自然界の物理量はすべてアナログ値であるが，これをディジタル値に変換する処理をAD変換(Analog to Digital Conversion: ADC)という．まず測定対象の物理量はセンサーにより電気信号（電圧）に変えられ，AD変換では，そのアナログ値をディジタル値に変換する．ディジタル値にすることによって，プログラムで取り扱えるようになり，値を判定して種々の処理を行わせることができる．例えば部屋の温度を測定し，高くなればエアコンを起動する，などである．実際のマイコンの応用において種々の目的にAD変換が利用されている．PIC 16F 1827では，入力電圧値を10ビットのディジタル値に変換するADC機能が12チャネル分用意されている．

　AD変換の逆，すなわちディジタル値をアナログ値に変換することをDA変換(Digital to Analog Conversion: DAC)という．PIC 16F 1827では5ビットで表現されたディジタル値をアナログの電圧値に変換する機能がある（1チャネル分）．これを用いて，例えば矩形波や三角波などを生成することができるが，5ビットであるため，精度はあまり良く無い．

　本章では主にAD変換について述べ，DA変換については簡単に紹介するにとどめる．

10.2 AD変換(ADC)

(1) サンプリングと量子化

　AD変換の流れを図10.1にしめす．まずセンサーで対象とする物理量を測定し，V_{SS}〜V_{DD}などの範囲の電圧値に変換して（詳細は後述）PICに入力する．この電圧値はアナログ値であるが，PICではこれをAD変換によりディジタル値に変換する．ここではAD変換における基本的な注意事項として，サンプリングおよび量子化[注1]について簡単に述べる．

注1　一般には，AD変換手順は「サンプリング（一定時間ごとに測定）」「量子化（とびとびの値で近似）」「符号化（2進数で表現）」の3フェーズで構成されると説明されるが，ここでは説明を簡単化するために「量子化」で2進数表現が出力されるものとしている．

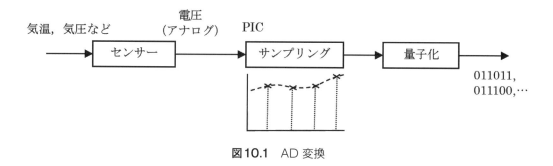

図10.1 AD 変換

　サンプリング（標本化）とは時間的に連続したアナログ入力を一定の時間ごと（すなわち，と
びとびの時間ごと）で測定することをいう．サンプリングする時間間隔を**サンプリング間隔**，
その逆数を**サンプリング周波数**という．例えば，サンプリング間隔＝1秒であれば，サンプリ
ング周波数 ＝ 1 Hzである．測定対象のアナログ値が時間的にゆっくり変換するもの（例えば
気温や気圧）であればサンプリング周波数はかなり低くてもよいが，音声や音楽などの音波は
極めて短い時間で変化するのでサンプリング周波数をかなり高く（数kHz〜十数kHz）しなけ
ればならない．本書では主に前者のようなアナログ情報を対象とするため，以降ではサンプリ
ング間隔やサンプリング周波数の問題にはあまり深入りしない．

　アナログ値は最大値〜最小値の間で無限種類の値をとることができるが，ディジタルの世界
では値は**ビット列**で表現されるため，とびとびの値しかとれない．このとびとびの値に変換す
ることを**量子化**という．量子化における最も重要な問題は，アナログの最大値〜最小値を何
ビットで表現するか（これを**量子化ビット数**という）である．例えば，3ビットで表すとすれば，
図10.2のように2^3＝8レベルの値で表現される．したがって表現するビット数が多いほど精度
がよいことになる．逆にビット数が少ないと精度が悪くなる．これを**量子化誤差**，または**量子
化雑音**という．PIC 16F 1827のADCでは10ビットで表現される．音楽や音声を表現するには
ややビット数が少ないが，気温や気圧など，一般的なセンサー類のアナログ値を表現するには
問題ないビット数である．

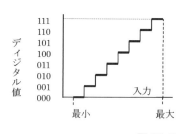

この例は符号なしの例である．
もしマイナスの値も表現したい
のであれば，**MSB**は符号として
使用され，100〜111はマイナス
値を意味することになる

図10.2 量子化

(2) アナログ信号入力ピンの指定

　PIC 16F 1827ではRAポートのうち5ピン，RBポートのうち7ピンの計12ピンではアナログ
信号の入力もできる．図10.3のANxのラベルがついたピンがそれである．またxはチャネル
番号である．

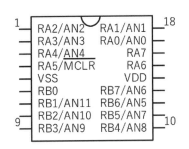

図10.3 ADとして使用可能なピン

　各ピンをディジタルI/O用として使用するか，またはアナログ信号の入力用として使用するかは，図10.4にしめすアナログ選択レジスタANSELA，ANSELBで指定する．なおアナログ入力を選択したピンはTRISレジスタで1（入力モード）に設定しておく必要がある．

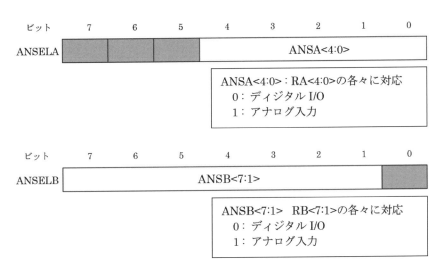

図10.4 ANSELA, ANSELB レジスタ

（3）AD変換処理

　図10.5にPICでのAD変換の機能ブロック図をしめす．またAD変換を制御するためのSFRであるADCON0, ADCON1を図10.6にしめす．前述したようにAD変換結果は10ビットで表される．AD変換を動作可能とするには，まずADCON0レジスタのADONビットを1にセットする．次にAD変換を実行したいチャネルをADCON0のCHSで選択する．指定されたチャネルの電圧がサンプルホールドへ入力され，サンプルホールドに接続されたキャパシタへ充電が行われる．充電を待った後，ADCON0のGO/DONEを1にすることにより逐次変換方式で10ビットのディジタル値へ変換され，変換結果はADRESHレジスタとADRESLレジスタを連結し，16ビットとして出力される．なおADRESHとADRESLに左寄せで格納するか右寄せで格納するかはADCON1のADFMで指定する．AD変換の完了はGO/DONEビットが0になることにより知ることができる．

　変換する電圧範囲と変換精度はリファレンス電圧 V_{ref+} と V_{ref-} で決定される．測定の最大限界を V_{ref+} とし，最小限界を V_{ref-} とする．ここで，

$$V_{ref} = V_{ref+} - V_{ref-}$$

とおき，またアナログ端子に入力された電圧をV_{in}とすると，

$$V_{in}/V_{ref}$$

が1024（$2^{10}=1024$）のレベルに分解され，その結果の0〜1023の値がADRESレジスタ（HとLをつないだもの）に格納されることになる．V_{ref+}とV_{ref-}はそれぞれ電源電圧とGNDとすることもできるが，それ以外にも，外部から入力する電圧あるいは内蔵定電圧リファンレス(FVR : Fixed Voltage Reference) などを指定することができる．FVRについては後述する．いずれとするかは，V_{in}の最大変化量とV_{ref}との相対的な値（前者が後者に比べあまりに小さいと変換精度が低下する），V_{ref}の安定度などを考慮して選択するのがよい．なおマイナスの電圧も測定したい場合は，V_{ref-}の電圧はマイナスでなければならないことに注意する必要がある．

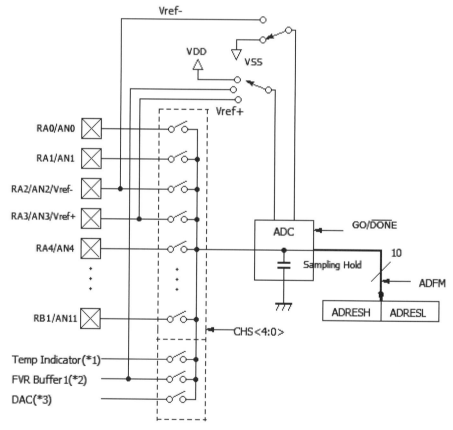

(*1) シリコンダイ温度センサー（説明省略）
(*2) 内蔵の固定電圧リファレンスの出力（本文のFVRの項参照）
(*3) ディジタル／アナログ変換（説明省略）

図10.5　ADC機能ブロック図

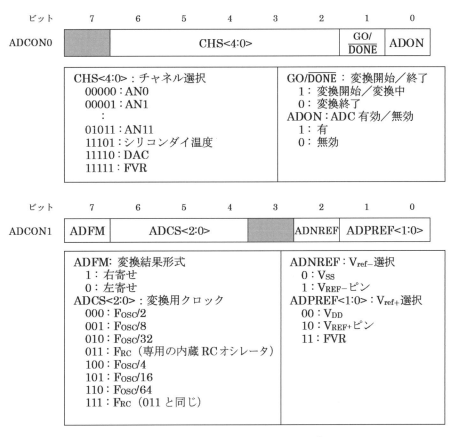

図10.6 ADCON0, ADCON1 レジスタ

（4）変換処理時間

10ビットADコンバータがAD変換に要する時間は図10.7のようになる．まず，どれか1つの
チャネルが選択されると，そのアナログ信号で内部のサンプルホールドキャパシタを充電し，そ
の後，クロックに従って各ビットへの変換が順次行われる．この後者の10ビットに変換に要す
る時間は，クロックの時間をT_{AD}とすると，$T_{AD} \times 11.5$となる．T_{AD}はシステムクロック（周波
数Fosc）を分周して生成するか，または専用の内蔵F_{RC}（1.0〜6.0μsec）を用いて生成する．

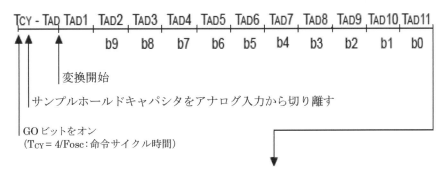

図10.7 AD変換処理時間

(5) 変換用クロック

変換用クロックの選択は ADCON1 の ADCS<2:0> の3ビットで行う．システムクロックを分周して使うか，または F_{RC} を使用するかを選択する．ここで T_{AD} は1μsecから9μsecの間と決められているので，システムクロックを分周して使用する場合，表10.1にしめすように制約範囲に入る値を選択する必要がある．これができない場合は F_{RC} を用いる．

表10.1 T_{AD} とシステムクロックの選択

ADC Clock Period (T_{AD})		Device Frequency (F_{OSC})					
ADC Clock Source	ADCS<2:0>	32 MHz	20 MHz	16 MHz	8 MHz	4 MHz	1 MHz
Fosc/2	000	62.5ns[2]	100 ns[2]	125 ns[2]	250 ns[2]	500 ns[2]	2.0 μs
Fosc/4	100	125 ns[2]	200 ns[2]	250 ns[2]	500 ns[2]	1.0 μs	4.0 μs
Fosc/8	001	0.5 μs[2]	400 ns[2]	0.5 μs[2]	1.0 μs	2.0 μs	8.0 μs[3]
Fosc/16	101	800 ns	800 ns	1.0 μs	2.0 μs	4.0 μs	16.0 μs[3]
Fosc/32	010	1.0 μs	1.6 μs	2.0 μs	4.0 μs	8.0 μs[3]	32.0 μs[3]
Fosc/64	110	2.0 μs	3.2 μs	4.0 μs	8.0 μs[3]	16.0 μs[3]	64.0 μs[3]
F_{RC}	x11	1.0-6.0 μs[1,4]	1.0-6.0 μs[1,4]	1.0-6.0 μs[1,4]	1.0-6.0 μs[1,4]	1.0-6.0 μs[1,4]	1.0-6.0 μs[1,4]

ハッチング部分は非推奨
(1) F_{RC} の典型的な T_{AD} は 1.6μs である．
(2) これらの値は T_{AD} に要求される最低時間を満たさない．
(3) 変換を高速に行うためには他のクロックソースを選択したほうがよい．
(4) T_{AD} および ADC 全体の処理時間は F_{OSC} を使用すれば最小化できるが，スリープモードでも ADC を行うには F_{RC} を使用すること．

(6) AD変換割り込み

AD変換が終了したら割り込み（ADC割り込み）を発生させることができる（「割り込み」参照）．しかし高速でのAD変換が必要でない場合は，割り込みの代わりに GO/$\overline{DONE}$ ビットを直接監視する方が簡単である．

(7) 内蔵定電圧リファレンス(FVR)

前述したようにAD変換のレファレンス電圧として V_{DD} や外部電圧とすることもできるが，PIC16F1827にはAD変換などのために V_{DD} とは独立の定電圧源(FVR)が内蔵されており，これを使うこともできる．FVRを使用するには ADCON1 で ADPREF = 0b11 を指定したうえで，FVR制御用のSFRである FVRCON レジスタで FVREN = 0b1 を指定し，さらに ADFVR で V_{ref+} の電圧として 1.024V, 2.048V, 4.096V のいずれかを選択する．

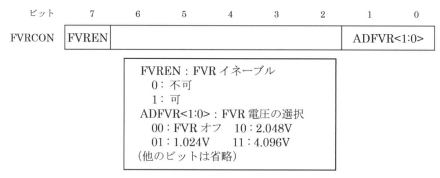

図10.8 FVRCONレジスタ

10.3 温度測定システムの作成

(1) 温度センサー

ここでは，温度センサーICを使って室内の温度を測定するシステムを作成する．温度センサーICとしてはテキサスインスツルメンツ (TI) 社製のLM61CIZ（図10.9，以下では簡単化のためLM61と略す）を用いる．

このセンサーは，マイナスの温度も含んだ−30℃〜+100℃の範囲の温度を測定可能である．電源電圧は＋でよい，などの特徴がある．このセンサーを図10.10のように接続する．表10.2のように，周囲の温度Tの変化に対し，ほぼ直線的な電圧VoがVoutに出力される．これを式で表せば，Vo=(10mV/℃×T)+600mVとなる．

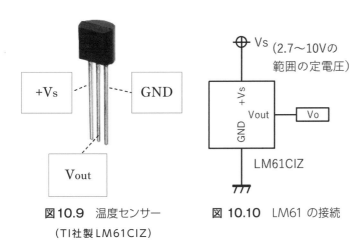

図10.9 温度センサー
（TI社製LM61CIZ）

図 10.10 LM61 の接続

表10.2 LM61 の特性

温度T(℃)	Vo(mV)
+1000	+1600
+85	+1450
+25	+850
0	+600
−25	+350
−30	+300

(2) システム構成

システム全体の構成を図10.11にしめす．RA4/AN4（他のアナログ入力可能なピンでも構わない）をアナログ入力とし，LM61のVoutをつなぐ．またLM61とマイコンを長めのワイヤで接続すると周辺の電磁誘導等によりノイズが混入するおそれがあるため，VsとVoutにはバイパスコンデンサをLM61の端子側につないでおく．LM61のVoutの最大値は1.6 Vである．そこでVrefとしてはVDD (5V)を用いるよりFVR = 2.048 Vを用いる方が精度がよくなるので，これを用いることにする．測定結果はLCDに表示する．

10

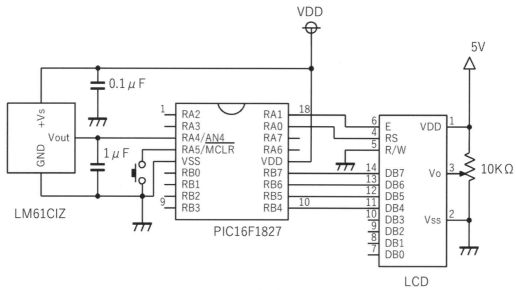

図10.11 温度測定システム

(3) AD変換結果から温度への変換

先に述べたように，LM61での出力Voは，温度T（℃）のとき

$$Vo = 0.01 \times T + 0.6 \text{ (V)}$$

であるから，

$$T = 100 \times (Vo - 0.6) \qquad \qquad \cdots\cdots (10.1)$$

である．一方，AD変換では0 〜 2.048 (V)の範囲の値を1024レベルに分解するから，1レベルの差は電圧で2.048/1024 ≒ 0.002 (V)の差になる．そこでAD変換の値をAとすると，

$$Vo \fallingdotseq 0.002 \times A \qquad \qquad \cdots\cdots (10.2)$$

である．これを式(10.1)に代入すると，下記の通りとなる．

$$T \fallingdotseq 0.2 \times A - 60 \qquad \qquad \cdots\cdots (10.3)$$

(4) 数字の表示桁数

AD変換結果はADRESHとASRESLに2進数10ビットの値として格納される．これを10進数に変換した場合，その有効桁数は3桁である（演習問題10.3）．しかしこれはあくまでビット数からみた有効桁数である．式(10.3)からも分かるように，Aが1だけ変化するとTは0.2（℃）変化する．すなわちTは0.2ずつ量子化された値，すなわち量子化誤差を含んだ値となる．またLM61のデータシートによれば，LM61の出力自体にも誤差がある（25℃付近で最大±1℃程度とされている）．そこで，室温を整数部2桁，小数点以下1桁で求めたいのであるが，上で述べたような種々の誤差の影響をなるべく小さくするために，何回かの測定を行い，その平均値を求めてLCDに表示するようにする．

（5）LCDへの数値表示用ライブラリ関数の作成

　室温測定システムのプログラムについて述べる前に，数値をLCD等の外部表示機器に出力する方法について述べる．コンピュータ内部では，int型やchar型，float型などの数値は各々決められた形式で格納されている．一方LCDなどに表示するには，各桁の数字や，マイナス符号（場合によってはプラスの符号も），小数点などの各々を，1バイトのアスキーコード（例えば数値1はアスキーコード16進数で0x31）に変換する必要がある．Linuxシステムなどに実装されている本格的なCコンパイラでは，printf文やscanf文での出力フォーマット指定機能や，変換用の種々のライブラリ関数（例えば，アスキー数字列からint型への変換を行うatoi関数や，その逆を行うitoa関数）がサポートされている．しかしXC8では，これらのうち一部のものしかサポートされていない．またサポートされていても，汎用的に作成されているため，そのプログラムのメモリサイズはかなり大きい（例えばsprintfのサイズは4kワードを超える）ため，プログラムメモリ量が4kワードであるPIC16F1827ではほとんど使用することができない（メモリー量をオーバした場合はコンパイルできなくなる）．

　そこで，必要な最低限の機能に絞って数値をアスキー文字に変換するライブラリプログラム（関数）を自作することにする．表10.3のような関数を作成し，適当な名前（例えばs_numtoa.c）で保存しておく．また，使用するプロジェクトに組み込む．

表10.3　数字文字への変換用のライブラリ関数

関数	機能	記事
unsigned char s_itoa (init val, char *str)	・int型変数valの値を，数字文字列に変換する．ただしvalの値は2桁以内とする． ・変換した文字数（最後の¥0は除く）を返す．	valは負値であっても良い．
unsigned char s_ftoa (float val, char *str)	・float型変数valの値を数字文字列に変換する．ただしvalの整数部は2桁以内，小数点以下は2桁目を四捨五入して1桁とする． ・変換した文字数（最後の¥0は除く）を返す．	同上．

　これらのライブラリ関数のプログラムを，下記のリスト10.1にしめす．

■ **リスト10.1　数字文字変換ライブラリ**

```
1  /***********************************************
2     数字文字変換ライブラリ関数
3  ***********************************************/
4  unsigned char s_itoa( int val, char *str)
5  {
6    unsigned char i=0, k;
7
8    if(val<0) {
9      str[i++]='-';   // f < 0なら?符号を
10     val=-val;
11   }
12   if((k=val/10) > 0)
```

```
13      str[i++]=(char) k+0x30 ;   // 10の位の数値を求め，ascii文字へ
14    str[i++]=(char) (val-10*k)+0x30;   // 1の位の数値を求め，ascii文字へ
15    str[i]='\0';
16    return i;
17 }
18
19 unsigned char  s_ftoa(float val, char *str)
20 {
21    unsigned char i=0, k;
22    int intpart;    // 整数部
23    float fractpart;   // 小数部
24
25    if(val<0) {
26      str[i++]='-';   // f＜0なら?符号を
27      val=-val;
28    }
29    val+=0.05;    // 小数点以下2桁目を四捨五入
30    intpart= val;  // float->intにより，小数点以下切り捨ててintpartへ
31    fractpart=val-intpart;   // 小数点以下をfractpartへ
32
33    if((k= intpart/10)>0)
34      str[i++]=k+0x30 ;   // 10の位の数値を求め，ascii文字へ
35    str[i++]=(char) (intpart-10*k)+0x30; // 1の位の数値を求め，ascii文字へ
36    str[i++]='.';                         // 小数点
37    str[i++]=(char)(10*fractpart+0x30); // 小数点以下1桁目の数値を求め，
38 //ascii文字へ
39    str[i]='\0';
40    return i;
41 }
```

説明

4 ： 整数から数字文字列への変換関数である．第1引数はint型としている．なおchar型の引数を渡された場合には，コンパイラが自動的にint型へ型変換（キャスト）してくれる．

8〜11 ： 値がマイナスなら，アスキー文字'−'を先頭につける．また値をプラスにしておく．

12〜13 ：値を10で除算することにより10の位の値を求め（整数同士での除算を行うことにより，小数点以下は切り捨てられた値となる），また0x30を加えることによりアスキー文字へ変換する．ただし0であれば出力しない（ゼロサプレス）．

14 ： 1の位の値を求め，アスキー文字へ変換する．

15 ： 最後にナル文字（0x00）を付けて，文字列にする．

16 ： 変換した文字列の長さを返す．

19 ： float型から数字文字列への変換関数である．

22〜23 ：実数を整数部と小数部に分けるための変数を定義する．

25〜28 ：8〜11と同様な処理．

29 ： 小数点以下2桁目を四捨五入するため，0.05を加えておく．

30~31 ：整数部，小数部を取り出す．

33~34 ：13~14と同様に10の位の値をアスキー文字へ変換する．

35 ： 1の位の値をアスキー文字へ変換する．

36 ： '.'を出力する．

37 ： 小数点以下1桁目の値を求めるため10を乗算し，アスキー文字へ変換する．

39~40 ：15,16と同様な処理．

さらに，本ライブラリ用に以下のようなヘッダファイルを作成し（例えば，名前を s_numtoa. hとする），これを使用するプロジェクトでインクルードする．ただし内容は単に各ライブラリ関数のプロトタイプを宣言しただけのものである．

■ リスト10.2　数字文字変換ライブラリ用ヘッダファイル

```
1   /***************************************************************
2           s_numtoaヘッダファイル
3   ***************************************************************/
4   #ifndef S_NUMTOA_H
5   #define S_NUMTOA_H
6   unsigned char s_itoa (int val, char *str);
7   unsigned char s_ftoa (float val, char *str);
8   #endif
```

(6) 温度測定システム用のプログラム

どの位の時間間隔で温度を測るかは，応用によって異なる．例えばパソコン筐体内の温度を測定し，一定値以上になればクーラ用モータをオンにするのであれば，数十秒ごとに測る必要があろうし，単に室温を測るのであれば，数分~数十分ごとに測定すれば充分であろう．しかしここでは簡単化のため，10秒ごとに室温を測定し，その時の時間とともにLCDに表示することにする（図10.12）．ただし前述したように誤差の影響をなるべく少なくするため，2秒ごとに5回の測定を行い，その平均値を求めてこれを10秒ごとの温度として表示する．また時間については，7章で述べたようなリアルタイマを用いた正確な時間ではなく，delay関数とカウンタを組み合わせた簡単な方法とする．さらに時間は60秒ごとにリセットすることとする．プログラムをリスト10.3にしめす．

図10.12　測定温度の LCD への表示

■ リスト10.3　温度測定システム用プログラム

```
1   /****************************************************************
2            Tempreture (LM61: -30~100 deg. Cent.  At every 10 seconds)
3    ****************************************************************/
4   #pragma config FOSC = INTOSC, WDTE = OFF, PWRTE = ON, MCLRE = ON, CP = OFF
5   #pragma config CPD = OFF, BOREN = OFF, CLKOUTEN = OFF, IESO = OFF
6   #pragma config FCMEN = OFF, WRT = OFF, PLLEN = OFF, STVREN = ON, LVP = OFF
7
8   #include <xc.h>
9   #include "LCD.h"
10  #include "s_numtoa.h"
11  #define _XTAL_FREQ  8000000
12
13  void main()
14  {
15      int  adres;         // AD変換後の値（2進数，2バイト）
16      float  temp_f[5];    // 温度（浮動小数点）
17      float  ave_temp_f;   // 温度の平均値（浮動小数点）
18      char  ave_temp_a[10]; // 温度平均値の文字列格納域
19      unsigned char sec=0;  // 秒カウンタ
20      char sec_a[4];       // 秒カウンタの文字列格納域
21      unsigned char len, i;
22
23      OSCCON = 0x72;      // 内部クロックは8MHzとする
24      ANSELA = 0x10 ;     // RA4をアナログ入力
25      ANSELB = 0x00 ;
26      ADCON0 = 0x11 ;     // AN4, ADON
27      ADCON1 = 0x93;      // 読取値は右寄せ，AD変換クロックはFOSC/8，V_(ref-)=GND，
28                          //V_(ref+)=FVR
29      TRISA  = 0x10 ;     // RA4を入力
30      TRISB  = 0x00 ;
31      PORTA  = 0x00 ;
32      PORTB  = 0x00 ;
33      FVRCONbits.FVREN=1;    // FVR enable
34      FVRCONbits.ADFVR=0b10; // FVR=2.048V
35      LCD_init();
36
37      while(1) {
38          ave_temp_f=0.0;
39          for(i=0; i<5; ++i) {  //2秒ごとに5回測定
40              __delay_us(50) ;       // アクイジション
41              ADGO=1;               // AD変換開始
42              while(ADGO);          // 完了まで待つ
43              adres=ADRESH*256+ADRESL;
44              temp_f[i]=0.2*adres-60.0;   // 温度を求める
45              ave_temp_f+=temp_f[i];
46              __delay_ms(2000);
47          }
48          sec+=10;  // 秒カウンタを+10
49          ave_temp_f/=5.0;  // 平均温度
```

```
50          len=s_ftoa(ave_temp_f, ave_temp_a); // 温度をascii文字へ変換
51          LCD_locate(0, 0);   //LCD1行目
52          LCD_puts("TEMP= ");
53          LCD_locate(0, 10-len);
54          LCD_puts(ave_temp_a);     // 平均温度を表示
55          LCD_puts("(°C)");   // °は半角
56
57          s_itoa(sec, sec_a);    //  秒カウンタをascii文字へ変換
58          LCD_locate(1, 0);  // LCD 2行目
59          LCD_puts("TIME= ");
60          LCD_locate(1, 6);  // 7文字目
61          LCD_puts(sec_a);    // 秒カウンタを表示
62          LCD_puts("(sec)");
63
64          if(sec==60)
65              sec=0; // 秒カウンタをリセット
66      }
67 }
```

説明

10 ：ヘッダファイル"s_numtoa.h"をインクルード（他の部分は8章のプログラムに同じ）.

15~21 ：温度，カウンタなどの値を格納する各種変数を定義.

24 ：AN4をアナログ入力.

26 ：AN4を選択，ADONをオン.

27 ：読取値は右寄せ，AD変換クロックはFOSC/8, V_{ref-}=GND, V_{ref+}=FVR.

29 ：RA4（AN4）を入力モード.

33 ：FVRをイネーブル.

34 ：FVR=2.048V.

39~47 ： 2秒おきにADCで温度を測定.

40 ：アクイジションタイムだけ待つ.

41 ：AD変換開始.

42 ：AD変換の完了を待つ.

43 ：ADRESHとADRESLからAD変換値を求める.

44 ：AD変換値から温度を求め，temp_f[i]に格納.

45 ：temp_f[i]の値をave_temp_fに加算.

46 ：2秒待つ.

48 ：秒カウンタに10を加算.

49 ：5回の平均値を求める.

50 ：平均気温をアスキー文字に変換.

51~55 ：気温をLCDに表示.

52 ：気温の表示文字列の長さは固定でないため，表示文字数を考慮して位置づけ.

57 ：秒カウンタをアスキー文字に変換.

58~62 ：秒カウンタを表示.

64~65 ：秒カウンタが60なら0にリセット.

(7) 測定結果の例

　実際の測定結果の例を図10.13にしめす．縦軸は温度（℃），横軸は秒カウンタの値である．四角いマーカは2秒ごとの測定値であり，丸のマーカが10秒ごとの平均値である．この例では，測定値が24.2℃を中心に±0.2℃のフラつきがあるのに対し，平均値は±0.1℃に収まっていることが分かる．ただし常に前者が±0.2℃の範囲で，後者が±0.1℃の範囲になるとは限らないことに注意すること.

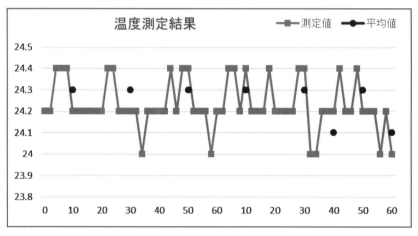

図10.13　温度測定結果

10.4 DA 変換（DAC）

　DACの原理を図10.14にしめす．DACRレジスタの第0～第4ビットの計5ビットで指定された値がDA変換の対象である．この5ビットの値に対し，点線内の各スイッチを図の左にしめしたように対応させてオンにする．これにより0～V_{ref}の範囲を2^5＝32のレベルに分圧した電圧値が，DACOUTピン（RA2）に出力される.

　このDACを用いて，例えば図10.15(a)のようなプログラムを書けば，(b)のような三角波を生成することができる．ただし出力値は32レベルであるから，1ステップがかなり大きい階段状になる．また1周期の時間を正確にするには，アセンブラ言語で記述するか，またはC言語で記述するならタイマ割り込みを用いて出力タイミングを一定時間になるようにする必要があるが，ここでは詳細は省略する.

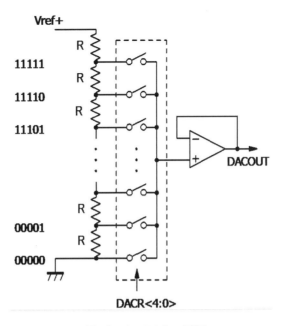

図10.14 DAC の原理

```
unsigned char i;
必要な初期設定
    :
while(1) {
  for (i=0; i<32; ++i)
    DACR=i;
  for(i=31; i> =0; --i)
    DACR=i;
}
    :
```

（a）プログラム

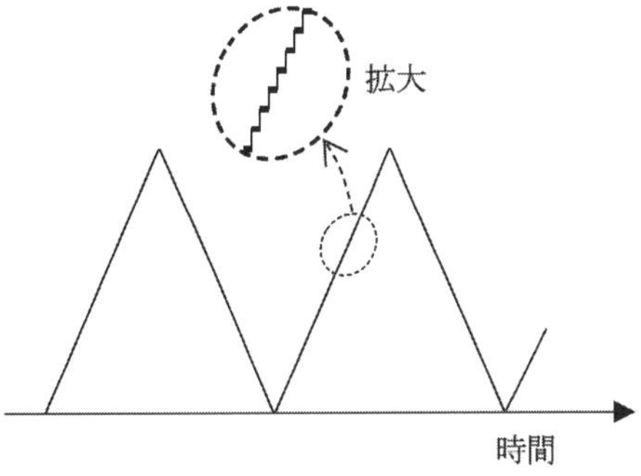

（b）波形

拡大

時間

図10.15 三角波の生成

演習問題

10.1 量子化誤差の説明として，適切なものはどれか？

① ディジタルデータを転送するときに生じる誤差のことである．

② アナログデータからディジタルデータに変換する際に，変換時間が不足するために生じる誤差のことである．

③ アナログデータからディジタルデータに変換する際に生じる，丸め誤差のことである．

④ アナログデータそのものの誤差のことである．

10.2 量子化ビット数（AD変換後のディジタル情報のビット数）が5ビットであれば，変換結果はいくつのレベルに変換されるか？また8ビットであればどうなるか？

10.3 PIC16F1827のAD変換は10ビットで出力されるが，このビット数で表現される10進数の有効桁は何桁になるか？

10.4 本章で取り上げた温度センサーの他にも多くのアナログセンサーがある．そのようなアナログセンサーについてネット等で調べ，その用途や特徴を述べよ．ただし，センサーの電気的特性が非線形のものでは，得られた電圧から元の物理量を計算するのが難しい．そこで最近ではセンサー側で物理量に変換し，結果をSPIやI²C（12章参照）でディジタル値として送ってくる方式（いわゆるセンサーモジュールとして構成されている）ものが多い．本設問の解答として，このようなセンサーでもよいものとする．

11章 CCP機能

CCP Function

11.1 概要

CCPとは3種類の機能，すなわちCapture, Compare, PWMの頭文字をとったものである．これら3つの機能では内部的な機能が共用されているため，このような名前で呼ばれる．キャプチャ(Capture)機能では，イベントの継続時間を計測することができる．コンペア(Compare)機能では，事前に指定した時間が経過したら外部イベントを発生させることができる．PWM機能では，パルス幅変調(Pulse Width Modulation)の信号を生成することができる．これらの3機能のうち，最も多く使われているのはPWM機能である．そこで，本章では，キャプチャ機能とコンペア機能については概要を説明する程度にとどめ，主にPWM機能についてその詳細と，この機能を用いた具体的な応用システム例としてモータの回転制御の実現方法を説明する．

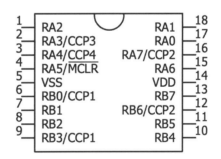

図11.1 CCP 機能のピン配置

PIC 16F 1827では4個のCCP機能(CCP1〜CCP4)が搭載されている（図11.1）が，このうち2個（CCP1とCCP2）は通常のCCP機能に加え，機能が多少拡張されたECCP (Enhanced CCP)と呼ばれる機能を有している．しかしここではECCPは使わないので説明は省略する．ECCP以外の通常のCCP機能に関しては4個とも同じである．

11.2 キャプチャ機能

キャプチャ機能を使用すれば，入力されたパルスのパルス幅や周期を測定することができる．キャプチャ機能のブロック図を図11.2にしめす．

キャプチャ機能を動作させると，CCPx（xは1~4）ピンに入力されたパルスのエッジの立ち上がり，または立ち下り時点でのタイマ1の値（|TMR1H, TMR1L|の16ビット）がCCPRxレジスタ（|CCPRxH, CCPRxL|の16ビット）に格納される．そこで，例えばエッジの立ち上がりから立ち下りまでの差を求めれば，パルスの幅を測定することができ，また立ち上がりから次の立ち上がりまでの差を求めれば，パルスの周期を求めることができる．なおこのような測定をパルスごとに毎回行うか，または4回／16回ごとに行うかを指定することもできる．

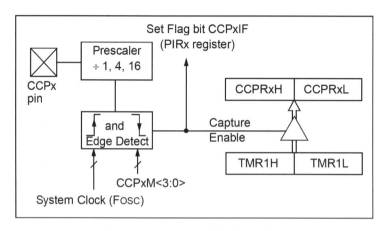

図11.2 キャプチャ機能ブロック図

11.3 コンペア機能

コンペアの機能ブロック図を図11.3にしめす．タイマ1のカウント値が，あらかじめCCPRxレジスタに設定した値と同じになったとき，CCPxIFの割り込みを発生させ，また同時にCCPxピンをオンにする．

周期的に何か処理をしたい場合に利用できる．

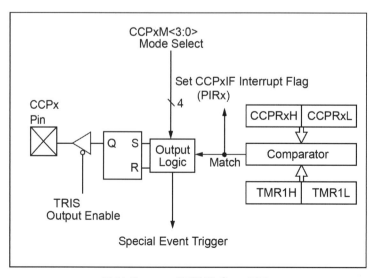

図11.3 コンペア機能ブロック図

11.4 PWMによるDC(直流)モータ回転制御

11.4.1 DCモータ

モータは**アクチュエータ**の代表的なものの1つである.
モータにも以下のような色々な種類がある.

- DCブラシ付きモータ
- DCブラシレスモータ
- ステッピングモータ
- インダクションモータ（ACモータ）
- リニアモータ
　　　　　:

電圧 : 1.5 〜 3.0V（標準1.5V）
定格負荷時電流 : 0.66A
定格負荷時回転数 : 約7,000回転/分

図11.4　DC モータ
（MARCURY MOTOR社製, FA-130RA）

　ここでは，最も基本的なDC用ブラシ付きモータ（以下，単にDCモータと呼ぶ）について，その回転動作をマイコンで制御する方法を述べる．なお DCモータにも，工業用などの大型のものから，カメラやスマートフォンなどに組み込まれているような極小型のものまで多くの種類があるが，ここでは，ホビー等で使用される乾電池数本程度の電圧で駆動可能なモータ，具体的には図11.4のようなモータを使用することにする．

　本章では，このようなDCモータのオン／オフ，回転速度，正転／逆転をマイコンで制御する方法について述べる．

11.4.2　モータのオン／オフ制御

　図11.5のようにマイコンの入出力ピン（図ではRAx）にモータを接続する．このピンをHighにするとTr1は導通状態となり，コレクタ・エミッタ間に電流が流れてモータを回転させることができる．ただし回路を構成する際に以下の点に注意する必要がある．

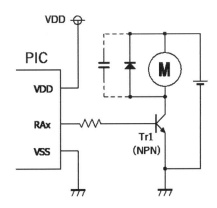

図11.5　モータのオン／オフ制御

(a) 上述の小型モータであっても，消費電流は数100mA程度となり，マイコンのピンあたりの許容電流を大幅に超えてしまう．またモータに印加する電圧はマイコンの電源電圧とは異なる値であることが多い．このため両者の電源は別系統とし，モータのオン／オフはマイコンからトランジスタ経由で制御する．また使用するトランジスタは，モータに必要な電流を流せるだけの定格電流を持ったものを使用しなければならない．このため，実際にはMOS-FFTなどを用いることが多い．

(b) モータをオフにすると，モータは慣性で回り続けようとする．すなわちモータが発電機のように働き，これにより逆起電流が生じる．この電流を吸収するためにダイオードを図のようにモータの端子間に接続しておく．

(c) モータ内部にはブラシ（回転子）があるが，これにより高周波のノイズが発生し，マイコンに悪影響を与えることがある．このノイズの影響を抑えるため，図の点線で示したように0.1μF程度のセラミックコンデンサをモータの端子間に接続するようにする．

11.4.3 モータ回転速度の制御

(1) PWMによるモータ回転速度制御の原理

DCモータの回転速度を制御するには，モータにかける電圧をアナログ的に大きくしたり小さくしたりする方法もあるが，マイコンでは**PWM**(Pulse Width Modulation)による方法が一般的である．PWMでは図11.6のように電圧は一定にし，モータがオンになる時間T_Dの割合いを変化させることで回転数を制御する．図において，T_Pを**PWM周期**（$1/T_P$は**PWM周波数**），T_Dをデューティ周期という．また$T_D/T_P(\leqq 1)$を**デューティ比**という．デューティ比が1に近いほど回転が速くなる．

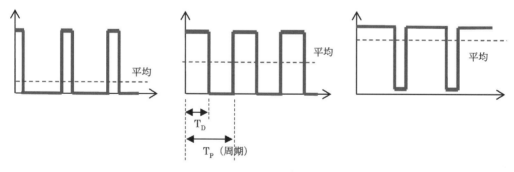

図11.3 コンペア機能ブロック図

PIC 16F 1287にはCCP (Capture-Compare-PWM)機能が搭載されており，これを使用すればPWM制御を比較的簡単に実現できるが，ここではまずCCP機能を用いないでソフトウェア的にPWMを実現する方法（以下，ソフトウェアPWM）について述べる．

ソフトウェアPWMを実現するために，カウンタPWM_Cを用意する．PICに搭載されているタイマ（タイマ0など）を使って一定時間ごとに割り込みを発生させ，この割り込み発生回数をこのカウンタでカウントアップする．そして，PWMを実現するため，以下のような処理を行う（図11.7）．

(a) PWM_Cの初期値は0としておく.

(b) タイマ割り込みの間隔をTintとすると，PWM_C×Tint=T_Dとなった時に，モータをオフにする.

(c) PWM_C×Tint=T_P (T_D<T_P)となった時に，モータをオンにし，またPWM_C=0とする.

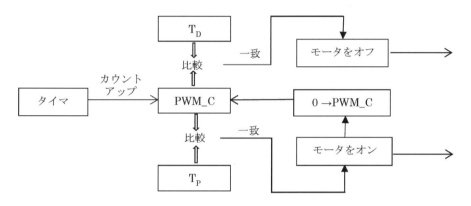

図11.7 ソフトウェアによる PWM の実現

（2）CCP機能を使ったPWM機能の実現

前述したようにPIC16F1827にはCCP機能が4個搭載されているが，4個のCCPの基本的なPWM機能は同じである．CCPは原理的には図11.7のソフトウェアPWMの一部をハードウェアで実現したものとなっている．図11.8にCCPのPWMに関する機能ブロック図をしめす．PWMの動作は以下のようになる.

(a) 初期設定

- CCPxのピンをCCPxCON（xは1〜4）レジスタで指定する.

- タイマ2, 4, 6（いずれも8ビット）のいずれか1つをCCPTMRSレジスタで選択する．これをTMRyとする．このタイマに対しプリスケール値（1〜64）をTyCON（yは2, 4, 6）レジスタで指定する.

- TMRyに対応するPRyレジスタ（8ビット）に，PWM周期(T_P)に相当する値をセットする.

- デューティ周期(T_D)に対応する値をCCPRxL（8ビット）にセットする．なお細かなデューティ比を設定できるようにするため，さらに下位2ビットを加え（以下，拡張2ビットと呼ぶ），計10ビットが指定できる．拡張2ビットはCCPxCON<5:4>で指定する．この10ビットの値がCCPRxHにロードされる.

11

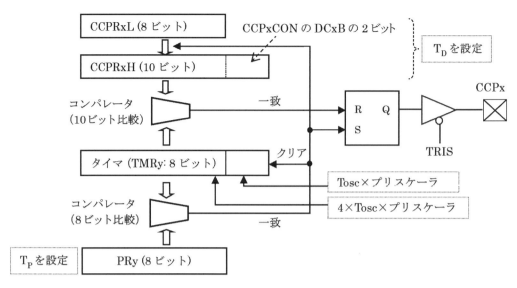

図11.8 PWM 機能ブロック図

(b) PWM動作

- CCPxの動作を開始すると，一定時間ごとにTMRyがカウントアップされ，カウントアップされた値と，CCPRxHおよびPRyレジスタの値とが，2つのコンパレータで常に比較される.

- TMRyとCCPRxHが同じ値になればCCPxピンの値をオフ(0)にする.

- TMRyとPRyの値が同じになればCCPxピンの値をオン(1)にする. また，同時にTMRyの値をクリアし，さらにCCPRxLをCCPRxHに再ロードする.

　以上の動作は，前述したソフトウェアPWMとほぼ同じであることが理解できよう. またソフトウェアPWMで行なっていたタイマ割り込み処理，T_PやT_Dとの比較処理，PWM出力のオン・オフ処理はすべてハードウェアで自動的に行われるので，ソフトウェアではCCPxCONなどの初期設定や，PRy，CCPRxLにそれぞれT_P，T_Dに対応した値を設定するだけでよい[注1]ことになる.

(c) PWM周期，デューティ周期の設定

　PICでは1命令実行するには$4 \times T_{osc}$ ($T_{osc}=1/F_{osc}$)かかる. そこで PWM 周期は，PRyに設定した値とTMRyのプリスケール値から，次式のようになる.

$$\text{PWM 周期} = (PRy+1) \times 4 \times T_{osc} \times (\text{TMRy プリスケール値})$$

　またCCPRxの拡張2ビットを使わない場合は，デューティ周期は

$$\text{デューティ周期} = (CCPRxL+1) \times 4 \times T_{osc} \times (\text{TMRy プリスケール値})$$

となる. したがって，デューティ比[注2]は，

注1　CCPRxL に PRy より大きな値を設定すると，CCPx ピンはリセットされずオンになったままとなるので注意すること.

注2　PWM は，PRy レジスタの値と CCPRxH レジスタの比較により動作する. したがって実際のデューティ比は離散的な（階段状の）値しかとれない. またそのレベル数の最大は $2^{10}=1024$（拡張2ビットを使わない場合は $2^8=256$）になることに注意すること.

$$デューティ比 = (CCPRxL + 1)/(PRy + 1)$$

となる．そこで，Fosc=8MHz, PRy=255, TMRyプリスケール値=4とすると，

PWM周期＝0.512ms（すなわち，PWM周波数＝1.95kHz）

となる．また拡張2ビットを使わないとすると，CCPRxL=128とすればデューティ比＝0.5となり，CCPRxL=255とすればデューティ比＝1.0となる．

PWM関連のSFRであるCCPxCON, CCPTMRS, およびTxCONレジスタ（ここまではTyCONと書いてきたが，図ではyをxに替えて，TxCONと表している）の構成を図11.9〜図11.11にしめす．

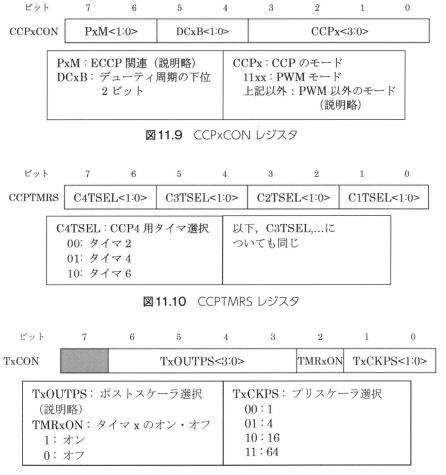

図11.9 CCPxCON レジスタ

図11.10 CCPTMRS レジスタ

図11.11 TxCON レジスタ

11.4.4 モータの正転／逆転の制御

図11.12にしめすような**Hブリッジ回路**といわれる（**フルブリッジ回路**ともいわれる）回路を使って正回転と逆回転を制御する．すなわち，4個のFET(Q1~Q4)のゲートをHigh(H)またはLow(L)にすることにより，Q1~Q4のオン／オフを制御し，これによりモータへの電流の流れを切り替える．状態0では電流が流れず，モータは停止している．状態1でモータは時計方向

(Clock-Wise：CW)に回転し，状態2で反時計方向(Counter-Clock-Wise：CCW)に回転する．また状態1または2から状態3に切り替えると，モータは慣性により回転し続けようとするが，これにより逆起電流が生じるため，ブレーキがかかることになる．なお以下ではCWを正回転（または正転），CCWを逆回転（または逆転）と呼ぶことにする．

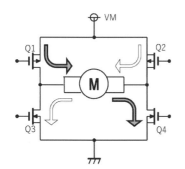

状態	Q1	Q2	Q3	Q4	モータの動作
0	OFF	OFF	OFF	OFF	停止
1	ON	OFF	OFF	ON	CW（正回転）
2	OFF	ON	ON	OFF	CCW（逆回転）
3	OFF	OFF	ON	ON	ブレーキ

> 原理的にはQ1~Q4をすべて同じ特性（例えばNチャネル）のFETを用いても良いが，多くのHブリッジ回路ではPチャネルとNチャネルの組み合わせ（CMOS）構成としている．これは半導体の設計・製造を容易にするためである

図11.12 Hブリッジ回路の原理

　マイコンを使って正転・逆転の制御を行うには，状態0～3以外の状態にならないように制御する必要がある．例えばQ1とQ3（またはQ2とQ4）を同時にオンにすると回路はショートされた状態となり，回路が破壊される恐れがある．これらの対策やその他の安全性を考慮して設計されたHブリッジ回路，およびそれを組み込んだ**モータドライバ**が市販されている．ここでは，そのようなモータドライバを使用することにする．モータドライバとしては，対象となるモータの消費電力などに応じて種々のものが市販されているが，小電力用のHブリッジIC（TB6612FNG：東芝セミコンダクタ社製）を組み込んだモータドライバとして秋月電子通商社製のAE-TB6621（図11.13）を用いることにする．図の下側に見えるピンがブレッドボード等への接続ピンであり，また上面に見える青い部品（印刷ではやや濃い灰色）はモータ等の配線を容易に接続できるようにするためのターミナルブロックである．なおAE-TB6621は組み立てキットとなっており，回路基板にピンなどを半田付けするなどの若干の工作が必要である．TB6612FNGには，独立した2つのHブリッジ回路（AチャネルとBチャネル）が組み込まれている．図11.14にAE-TB6621の構成，および組み込まれているTB6621FNGの機能ブロック図をしめす．TB6621FNG内のH-SWがHブリッジ回路である．

ロジック側電圧：2.7～5.5V	
モータ側電源電圧：2.5～13.5V	
出力電流：1.2A（1chあたり）	

図11.13 モータドライバ

(秋月電子通商社製 AE-TB6612)

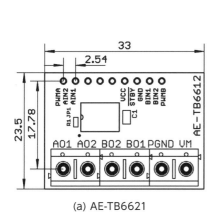
(a) AE-TB6621

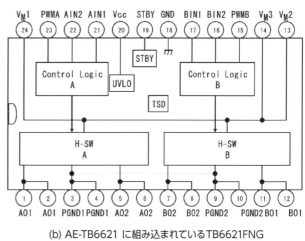
(b) AE-TB6621 に組み込まれている TB6621FNG

図11.14 AE-TB6621 の構成

　AE-TB6621のピンは，マイコンと接続するためのピンとモータと接続するためのピンに大別できる．表11.1に各ピンの機能をしめす．またマイコン側ピンとモータ側ピンとの論理関係を表11.2にしめす．

表11.1 AE-TB6621 のピンの機能

マイコンとの接続		モータとの接続	
PWMA	Aチャネルの PWM 信号	AO1	Aチャネルの出力（下表参照）
AIN2	Aチャネルの回転方向制御（下表参照）	AO2	
AIN1		BO2	Bチャネルの出力（下表参照）
VCC	ロジック回路用電源	BO1	
STBY	スタンバイ用	PGND	モータ側接地
GND	接地	VM	モータ用電源
BIN1	Bチャネルの回転方向制御（下表参照）	—	—
BIN2		—	—
PWMB	Bチャネルの PWM 信号	—	—

表11.2 入力と出力間の論理関係

入力				出力		
xIN1	xIN2	PWMx	STBY	xO1	xO2	モード
H	H	H/L	H	L	L	ショートブレーキ
L	H	H	H	L	H	逆転 (CCW)
		L	H	L	L	ショートブレーキ
H	L	H	H	H	L	正転 (CW)
		L	H	L	L	ショートブレーキ
L	L	H	H	OFF（ハイインピーダンス）		ストップ
H/L	H/L	H/L	L	OFF（ハイインピーダンス）		スタンバイ

（注）xは AまたはB

　この表から分かるように，xIN1, xIN2ピンのいずれをHにするかで正転／逆転を指定し，またPWMxピンにPWM信号を入力すればモータが回転することになる．

11.4.5　DCモータの回転制御システムの作成

ここではPICを用いてDCモータの回線速度や回転方向を制御するシステムを作成する.

（1）システム構成

図11.15にシステム構成をしめす.

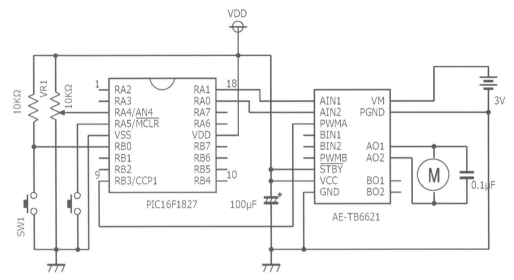

図11.15　DC モータの回転制御システム

- AN4に印加される電圧 (0〜5V)に応じてデューティ比を変化させるようにするので, RA4/AN4をアナログ入力とし, 可変抵抗器(VR1)をつなぐ.
- SW1はモータの回転方向を切り替えるためのスイッチとする. SW1を押下するごとに回転方向を切り替える. 最初は正回転とする.
- AE-TB6621のAチャネルのみを使用する. またここではSTBYは使用しないので, プルアップしておく (AE-TB6621のJPN端子を半田付けしてもよい).
- PICのRA0, RA1をそれぞれAIN1, AIN2に接続する. またRB3/CCP1をPWMAに接続する.
- モータ用電源として, 3V電池を使用する. これをAE-TB6621に接続する. AO1, AO2にモータを接続する.
- 高周波ノイズ対策としてモータの端子に0.1μFのコンデンサを接続し, さらにAE-TB6621のVCC端子にも100μFのコンデンサを接続しておく.
- 図11.15に描かれているAE-TB6621のピンの位置は実際のピン位置とは異なることに注意すること.

（2）プログラム

モータ回転制御システム用のプログラムをリスト11.1にしめす.

■ リスト11.1　モータ回転制御プログラム

```
1  /*****************************************************************************
2                    CCP-PWM-motor
3  *****************************************************************************/
4
5  #pragma config FOSC = INTOSC, WDTE = OFF, PWRTE = ON, MCLRE = ON, CP = OFF
6  #pragma config CPD=OFF, BOREN=OFF, CLKOUTEN=OFF, IESO=OFF, FCMEN=OFF
7  #pragma config WRT = OFF, PLLEN = OFF, STVREN = ON, BORV = LO, LVP = OFF
8
9  #include <xc.h>
10
11 #define _XTAL_FREQ  8000000
12 #define SW2 RB0
13 #define IN1 RA0
14 #define IN2 RA1
15
16 /************ main  *************/
17 int main(void)
18 {
19     char Dir;  // 正転・逆転
20
21     OSCCON = 0x72;  // PLL: OFF, 内部クロック8MHzで駆動
22     ANSELA  =0x10;  // RA4をAD入力
23     ANSELB = 0x00;   // RB7~RB1は全てディジタルI/Oとする
24     TRISA=0x10;     // RA4: input
25     TRISB=0x01;     // RB0: input
26     PORTA=0x00;
27     PORTB=0x00;
28     ADCON0=0x11 ;   // CHS=AN4, ADON=1
29     ADCON1 = 0x10;  // 読取値は左寄せ, AD変換クロックはFOSC/8,
30                     // VDD,GNDをリファレンス
31     CCP1CON = 0x0C; // CCP1 をPWMモード DC1Bは0b00
32     CCPTMRS = 0x00; // CCP1のタイマはタイマ2
33     T2CON = 0x01;  // タイマ2のプリスケーラは4
34     PR2 = 255;  // PWM cycle=(255+1)*4*0.125*4/10^6=512/10^6=0.512(ms) (1.95kHz)
35     IN1=1; IN2=0; // 最初は正回転
36     Dir='F';
37     CCPR1L=0;
38     T2CON |= 0x04;   // TMR2 ON
39
40     while(1) {
41         /************   AD変換  *************/
42         ADGO=1;          // AD変換開始
43         while(ADGO);    // 完了まで待つ
44         CCPR1L= ADRESH;  // デューティ周期設定
45
```

```
46        if(SW2==0) { // SW2がオンであれば回転を逆に
47            IN1=1; IN2=1; // 一旦ショートブレーキ
48            __delay_ms(100);    // 100ms待つ
49            if(Dir=='F') {
50                IN1=0; IN2=1;   // 逆回転
51                Dir='R';
52            }
53            else {
54                IN1=1; IN2=0;   // 正回転
55                Dir='F';
56            }
57        }
58        __delay_ms(10);
59    }
60 }
```

説明

12~14 ：ピン番号を別名で指定できるようにするため，#define文を定義しておく．

19 ： 現在の回転方向を覚えておくための変数である．SW2を押下して回転を逆にする時に参照する．

22 ： RA4をAD入力に設定する．

29 ： ADCのリファレンス電圧はVDDとGNDとする．またADCの結果は10ビットであるが，ここではそれほど正確なAD変換結果は必要でない．そこでADCの結果は左寄せで格納し，上位8ビット(ADRESH)のみを使う（44行目）．

31 ： CCP1をPWMモードにする．

32 ： CCP1ではタイマ2を使う．

33 ： タイマ2のプリスケーラは64とする．

34 ： PR2=255とする．

35~36 ：最初は正回転とする．

38 ： タイマ2をオンにする．

42~43 ：AD変換を行う．

44 ： AD変換の上位8ビットを取り出し，デューティ周期として設定する．なおCCPR1L の追加の下位2ビットは0b00としている（31行目）．

46~57 ：SW2が押下されたら，回転方向を逆に切り替える．

47~48 ： 回転方向を切り替える前に，安全のため100msの間，ブレーキをかける．

49~52 ： 正回転であれば，逆回転にする．

53~56 ： 逆回転であれば，正回転にする．

58 ： 10msほどそのままの回転動作を続ける．

演習問題

11.1 PWM周波数=500Hzであるとする．この信号のパルス・オンの時間が500μsであるとき，デューティ比は以下のうちどれか？

(a) 1/4 　　　　(b) 1/3 　　　　(c) 1/2 　　　　(d) 1

11.2 Fosc=10MHz，PRy=255，TMRyのプリスケール値=4とする．以下の問いに答えよ．

① PWM周期はいくらか？

② デューティ比=0.5となるCCPRxLの値はいくらか？ただし拡張2ビットは使わないものとする．

11.3 Fosc=8MHzとする．2kHzのPWM周波数を生成するPRyレジスタの値とTMRyプリスケール値を求めよ．

11.4* リスト12.1の34行目でPR2=255としているが，これをPR2=127にしたとする．一方，VR1を回転させると，RA4にかかる電圧は0～5Vの間で変化するものとする．この電圧の変化に対し，モータにかかる平均電圧の変化は下図のうちどれになるか？ただしモータの電源電圧は3Vとする．
（モータにかかる実際の電圧は離散値であるが，下図ではこれを簡略化して連続的値として描いている）

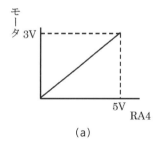
(a)
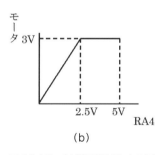
(b)
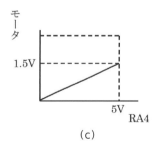
(c)

図11.16 演習問題11.4の図

11

Column　PWM周波数をどの程度にすべきか

　PWM を使ってモータ回転速度の制御を行う場合，PWM 周波数をあまり低く（数10〜数100Hz）すると，PWMのオン・オフによってモータが実際に回転・停止を繰り返し，滑らかに回転しない恐れがある．逆に PWM 周波数をあまりに高くすると，モータコイルのインダクタンスやドライバの高周波特性などが問題となり効率が低下する．このため，モータ回転制御では 1〜5kHz 程度にすることが多い．

　なお PWM 機能自体はモータ制御だけでなく種々の用途（インバータやオーディオ等）にも使用されるため，かなり高い周波数（PIC16F1827 では〜 31kHz）でも動作するよう設計されている．

12章 MSSP

MSSP Function

12.1 MSSPとは

　MSSP(Master Synchronous Serial Port)は，他のデバイスICと高速にシリアル通信をするための PIC内部モジュールで，**SPI**(Serial Peripheral Interface)と**I²C**(Inter-Integrated Circuit)という2種類の規格の動作モードで使うことができる．ディジタル情報の送受信規格のなかではRS232Cなどに比べると，高速でかつ複数のデバイスと通信できる，などの特徴がある．しかし，基板内や基板間といった近距離でしか通信できない．図12.1にSPIとI²Cの概要をしめす．いずれも1台のマスター(親機)と複数台のスレーブ(子機)間での通信ができる．

　SPIでは，SDOはデータ送信ポート，SDIはデータ受信ポートであり，マスターとスレーブのSDO, SDIを相互に接続する．スレーブは複数あって構わない．マスターが通信相手のスレーブをCS(Chip Select)で選択する．マスター側でCSをLow(0)にすると，対応するスレーブの$\overline{\text{SS}}$が0となってそのスレーブが選択される．なおマスターのCS用のピンとしては，通常のディジタルI/Oピンを用いる．

　I²Cではマスターと全スレーブは，送信，受信ともSDAポートを用いて行う．まずスレーブを選択するアドレス情報を送り，その後，そのスレーブとの間でデータの送受信を行う．

　いずれの方式でも，クロックはマスターが供給する．SPIではSCK，I²CではSCLがクロック信号用である．

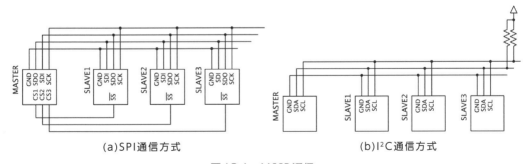

(a)SPI通信方式　　　　　　　　　(b)I²C通信方式

図12.1　MSSP通信

　近年，マイコンとの接続を想定した周辺装置(例えばLCDやセンサー)でも，従来のような単純なピン接続ではなく，MSSPで接続するものが増えている．これは，マイコンのピン数

を少なくできることが1つの理由である．特にI²Cでは，スレーブの数が増えても，ピン数は
GNDを除けば2ピンで済む．またアナログセンサーにおいて，10章で取り上げた温度センサー
のように測定対象の物理量に比例した電圧が得られるものはむしろ少なく，両者の関係は非線
形的であることが多い（例えば気圧センサーなど）．そのため電圧値から物理量への逆変換を
行うのに複雑なプログラムを書かざるを得ない．この問題を解決するため，センサー内部に組
み込まれた小さなマイコンで逆変換を行なってから，その結果をマスターにMSSPで伝送する
という方法が一般的になりつつある．

　SPIとI²Cを比較すると表12.1のようになる．I²Cに比べてSPIでは，より高速での通信を行
うことができるため，SPIでSDカードと接続する例などもある．ただしSPI通信だけでSDカー
ドにアクセスできるわけではない．通信レイヤでいえば，SPI通信は最も基本の処理層を実現
しているに過ぎず，本格的にSDカードを接続しようとすれば，その上位のFAT32やNTFS
などのファイルへのアクセス法などかなり大掛かりなプログラムを実現する必要がある．一方
で，本書で主な対象としているや周辺装置やセンサー類は，それほど高速なアクセスは必要で
ないため，I²Cで接続するものが多い．そこで以下では，SPIについては基本的な送受信方法を
述べるに留める．I²Cについては送受信方法に加え，具体的なシステム作成例を説明する．

表12.1 SPI, I²Cの特徴の比較

項目	SPI	I²C
提案元	(旧) モトローラ社	(旧) フィリップス社
通信方式	マスター／スレーブ	マスター／スレーブ
通信線 (GND線を除く)	以下のような3本または4本 SCK：クロック SDO：マスター → スレーブへのデータ SDI：マスター ← スレーブへのデータ $\overline{SS}$：スレーブ側において，自分が選択されたかどうか（スレーブが1個であれば不要）．マスター側のCSと接続する．	以下のような2本 SCL：クロック SDA：データ（マスター，スレーブ間の双方向のデータ．またスレーブを選択するアドレス情報もこの線で送受）
転送速度	I²Cの数十倍以上（数Mbps）	100kbps ～ 400kbps
代表的な用途	高速通信が必要なADC/DAC用IC, 通信用IC, SDカードなどとの接続．	EEPROM, 各種センサー，LCDなどとの接続．

　PIC 16F 1827のMSSP関連のピン配置を図12.2にしめす．この図からも分かるように，
PIC 16F 1827ではMSSPモジュールが2個搭載されている．またそれぞれは全く独立に動作
するので，一方をSPI，他方をI²Cとして使うこともできる．複数の機能が割り当てられて
いるピンについては，実際にどの機能を割り振るかはAPFCONレジスタ(Alternative Pin
Function Control Register)で指定する．

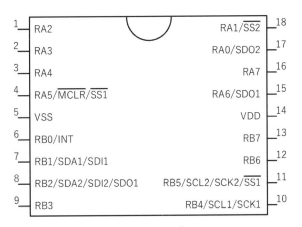

図12.2 MSSPのピン配置

12.2 SPI

12.2.1 SPIによるデータ送受信

(1) 概要

先にも述べたように，PIC 16F 1827には2個のSPIモジュールが用意され，番号x（xは1または2）で区別されるが，ここではxを省略して説明する．SPIの機能ブロック図を図12.3にしめす．マスターとスレーブ間でSDIピンとSDOピンを相互に接続する．マスター側ではクロック生成部でクロックを生成する．マスターとスレーブは，マスターから送られるクロックに従って送受信を行う．

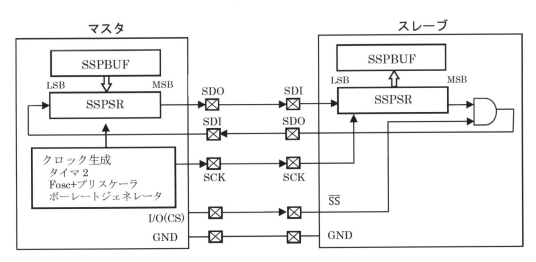

図12.3 SPIの機能ブロック図

$\overline{SS}$はスレーブ選択用のピンであり，マスター側の適当なI/Oピンと接続する．このマスター側のピンをCS（Chip Selectピン）と呼ぶことにする．マスターで選択したいスレーブに対応するCSピンを0にすると，接続先のスレーブの$\overline{SS}$が0となり，そのスレーブと通信すること

ができる．スレーブが複数ある場合，マスターはスレーブの数だけCSピンを用意する必要がある．なおスレーブが1台だけの場合は必ずしもCS, $\overline{\text{SS}}$ ピンを用いなくてもよいが，マスター・スレーブの同期を確実にするためには使用した方が良い．

　プログラムとSPI通信機能モジュールとのデータの授受はSSPBUFバッファを介して行われる．またマスター，スレーブのSPI通信機能モジュール同士でのデータ送受はSSPSRバッファを介して行われる．図12.3にしめすように，マスターのSSPSRとスレーブのSSPSRは一体となってリング状のシフトレジスタを構成している．送信側ではプログラムで送信したい1バイトのデータをSSPBUFに格納すると直ちにSSPSRにコピーされ，そしてSCKのクロック信号に従ってSDOを通してMSBから順に1ビットずつ相手に送られる．受信側では送られてきたビットはSSPSRのLSBに格納されるが，ビットの受信にともない1ビットずつMSB側にシフトされる．8ビットの送受信が完了すれば，送信側，受信側ともPIR1レジスタのSSPIFビットが1にセットされる．

（2）SPI関連のSFR

　SPIに関連するSFRはSSPxSTAT, SSPxCON1（xは1または2）の2つのレジスタである．なおこれらのレジスタはI²Cと共用しているが，以下ではSPIに関連するエントリのみについて説明する．

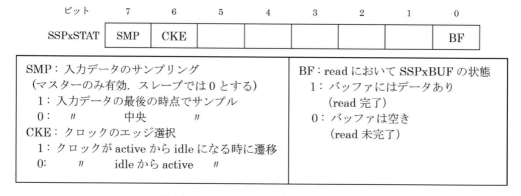

図12.4 SSPxSTATレジスタ(SPI関連)

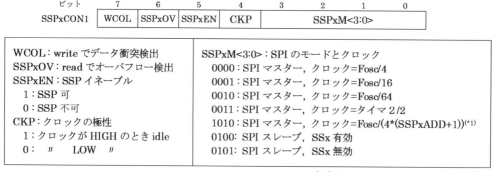

(*1) SSPxADD については I²C 参照

図12.5 SSPxCON1 レジスタ(SPI 関連)

(a) SSPxSTATのSMPやCKEについての説明は省略する．初期設定ではいずれも0b0を設定しておけばよい（BFはリードオンリーであるため，設定は不可）．

(b) SSPxCON1については，マスター／スレーブともSSPxEN = 1とし，SSPxM<3:0>には適切なビット列を設定する．またCKPは0b0を設定しておけばよい．さらにWCOL，SSPxOVは通常は無視してよい．

(3) 送受信方法

ここでは1バイトのデータの送受信方法について述べる．なお連続して複数バイトを送受信することもできるが，ここでは説明を省略する．また以下ではSSPの番号xを省略して説明する．

(a) マスターのSDO，SDIをそれぞれスレーブのSDI，SDOと接続する．またマスターのSCKとスレーブのSCKを接続する．さらにマスター側では適当なピンをCSピンとし，これをスレーブの$\overline{SS}$ピンと接続する．

(b) 各ピンの入出力モードは以下のように設定する．

マスター側： SDO：出力 SDI：入力 SCK：出力 CS：出力

スレーブ側： SDO：出力 SDI：入力 SCK：入力 $\overline{SS}$：入力

(c) 具体的な送受信は，マスターとスレーブで若干異なる．特に注意すべき点は，以下の2点である．

① 先に述べたように，マスターとスレーブのSSPSRはリング状のシフトレジスタとなって動作する．したがってSSPSRのデータの書き出し(write)と相手のSSPSRレジスタの内容の読み込み(read)が同時に行われるため，通信開始前のバッファには不要なデータが格納されている恐れがある．このため，read, write操作の前に一度バッファを空読みしておく必要がある．

② マスターがスレーブからデータを受信する場合もクロックはマスターが供給する必要がある．このため，マスターは読み込みに先立ってダミーデータを書き出しておく．これによりスレーブにクロックが供給されるので，スレーブはデータを送信し，マスターはそれを受信できる．

SPI通信用に表12.2にしめす関数を用意する．なおCSの設定は，この関数を呼び出すマスター側のプログラムで行うものとする．

表12.2 SPI 通信用関数

項番	関数	機能	記事
1	void SPI_init(char mode)	mode：マスター／スレーブの指定 M：マスターとして初期設定 S：スレーブ 〃 各モードに応じてSSPxSTAT, SSPxCON1を設定する．	
2	void SPI_write(unsigned char data)	data（1バイト）を送信する．	
3	unsigned char SPI_read(void)	1バイトのデータを受信し，呼び出し元へ返す．	

これらの関数のプログラム例（ただし，SSP1を対象，また一部は疑似コード）をリスト12.1
にしめす.

■ **リスト12.1　SPI通信用のプログラム・疑似コード（1バイトの送受信）**

```
 1  #define  CS   適当なピン番号
 2  #define  TRISCS   CSピンに対応するTRISレジスタのビット
 3    :
 4  char MS;
 5
 6  void SPI_init(char Mode)
 7  {
 8    if (Mode=='M') {
 9      MS='M';
10      SSP1STATの設定：SMP=0, CKE=0
11      SSP1CON1の設定：SSP1EN=1, CKP=0, SSP1M<3:0>= (SPIマスター，適当なクロック)
12      SCKの入出力モード=出力
13      SDOの入出力モード=出力
14      SDIの入出力モード=入力
15      CSの入出力モード=出力
16      CS=1;
17    }
18    else {
19      MS='S';
20      SSP1STATの設定：SMP=0, CKE=0
21      SSP1CON1の設定：SSP1EN=1, CKP=0, SSP1M<3:0>= (SPIスレーブ，SS有効)
22      SCKの入出力モード=入力
23      SDOの入出力モード=出力
24      SDIの入出力モード=入力
25      SSの入出力モード=入力
26    }
27  }
28
29  void SPI_write(unsigned char data)
30  {
31    if(MS=='M')
32      CS=0;
33    SSP1BUF=data;    // データ送信
34    while(!SSP1IF);    // 送信完了待ち
35    SSP1IF=0;
36    if(MS=='M')
37      CS=1;
38    return;
39  }
40
41  unsigned char SPI_read()
42  {
43    char   dummy;
44    if(MS=='M') {
45      CS=0;
```

```
46      SSP1BUF=0xFF;   // クロック出力のためのダミーライト
47    }
48    else
49      dummy=SSP1BUF;    // ダミーデータの空読み
50    while(!SSP1IF);        // 受信完了待ち
51    SSP1IF=0;
52    if (MS=='M')
53      CS=1;
54    return SSP1BUF;
55 }
```

説明

（SSP2を用いる場合は，「SSP1…」の部分をすべて「SSP2…」に書き替える）

1~2 ： マスター側のCSピンは適当な空きピンを割り当てる．またそのピンに対応するTRISレジスタのビットを#define文で定義しておく．

4 ： MSはマスターかスレーブかを格納する変数である．

6~27 ： SPI通信を利用するさいに，初期設定で呼び出される関数である．引き数でマスターかスレーブかを指定する．

11 ： マスターの場合，11行目でSPIマスターモードとクロック周波数を指定する．

12 ： SCKを出力モードに設定する．

16 ： まだ通信は行わないので，CSは1にしておく．

22 ： スレーブモードでのSCKは入力モードにする．

29 ： 1バイトの情報を相手に送信する関数である．送信するデータを引数で指定する．

31~32 ：マスターの場合，CS=0にする．

33 ： 送信するデータをSSP1BUFに入れる．

34 ： 送信が完了すればPIR1のSSP1IFがオンになるので，それまで待つ．

35 ： SSP1IFをクリアする．

36~37 ：マスターであれば，CS=1にする．

41 ： 相手から送られてくる1バイトのデータを受信する関数である．

46 ： スレーブからデータを受信する場合でも，まずマスターからSCKにクロックを出力しなければならない．そのためダミーのデータをSSP1BUFに格納する．

48~49 ：46行目でダミーデータをSSP1BUFに設定したが，これがスレーブ側に送られ，スレーブで誤って受信データとして読み取られてしまう．これを避けるため，一度SSP1BUFを空読みしておく．

50 ： 受信によりSSP1IFがオンになるまで待つ．

51 ： SSP1IFフラグをリセットする．

52~53 ：マスターであれば，CS=1にする．

54 ： 受信したデータを呼び出し元へ返す．

12.3 I²C

12.3.1 I²Cによるデータ送受信

(1) 概要

　フィリップス社が提唱したシリアル通信方式である．複数個のデバイスを1つの共用ライン
に接続してマスター／スレーブ方式で通信を行うことができる．I²Cの動作を説明する前に，
I²Cを使用する際に注意すべき事項について述べる．I²Cではクロック用のSCLと，データ転
送用のSDAの2つのラインを用いるが，これらのラインおよび接続ポートは以下のように構成
する必要がある．

- SCL, SDA接続のポートはいずれも入力（TRISレジスタでビットの値＝1）モードに設定す
る必要がある．

- SCL, SDA接続として指定されたポートはいずれもオープンドレイン構成[注1]となる．一方
SCL, SDAとも通常状態（通信を行なっていないアイドル状態）では電圧をHighレベルと
しておく必要があるため，図12.6のようにプルアップしておく．ただしPIC 16F1827では
WPU機能を用いて内部的にプルアップすることができる．

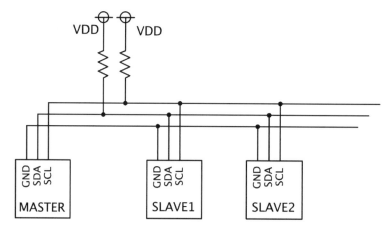

図12.6 I²CでのSCL, SDAのプルアップ

　I²Cの場合，個々のスレーブ・デバイスは固有のアドレスIDを持っている．マスターは，最
初のデータで通信相手のスレーブのアドレスをSDAラインで送出する．これに応じて，アド
レスに一致するスレーブのみが確認応答(ACK)を送り返す．このようにスレーブを選択したの
ち，そのスレーブと通信を行う．さらに1バイト転送するたびごとにも受信側からACK信号
が送られる．このようにI²Cでは互いに確認を取りながらデータ送受信を行う．マスターから
スレーブに1バイト情報を送信する場合について，信号およびデータの流れをUML(Unified
Modeling Language)のシーケンス図を用いて表せば，図12.7のようになる．

注1　オープンドレインの説明は4章参照．

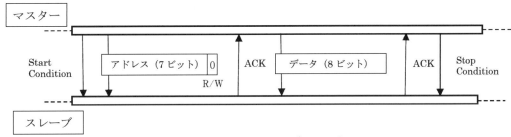

図12.7 I²Cでの信号・データの流れ
（マスターから1バイトの情報を送信）

①マスターは通信を開始するため，まずStart Conditionと呼ばれる信号を送り，続いて交信相手のスレーブアドレスの7ビットと，マスターから見たデータの送信方向を表すR/Wの1ビット(1：read, 0：write)を付加した8ビット（1バイト）の情報を送る．なおスレーブアドレスを10ビットとするモードもあるが，その場合はアドレスを2バイトに分けて転送する．

②各スレーブは，送られてきたアドレスが自分のアドレスと一致するかをチェックし，自分のアドレスに一致したスレーブ（以下，相手スレーブ）がACK信号をマスターに返送する．アドレスが一致しないスレーブは何もしない．

③マスターはACKを受け取ったら，情報データ8ビット（1バイト）を送る．

④相手スレーブはデータを受け取り，マスターにACKを返す．

⑤マスターはStop Conditionと呼ばれる信号を送り，送受信を終了する．

（2）実際の波形

参考までに実際の波形を見てみる．まず通信を行なっていない状態（アイドル状態）では，前にも述べたようにSCL, SDAともHighである．

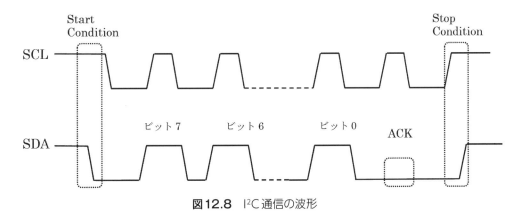

図12.8 I²C通信の波形

Start Conditionとは図12.8にしめすように，SCLがHighの状態でSDAをLowにすることであり，これにより通信が開始される．Stop ConditionとはSDAがLowの状態でSCLをHighにすることであり，これで通信は終了する．またACKのタイミングでは，8ビット送信後にSDAを解放（すなわちPICポートを入力とする）し，SDAをチェックする．SDAがLowならばACKであり，HighならばNO-ACKである．

12

なお上記のような波形の制御をプログラムから直接行う必要はない．次項で述べるように，SSPxCON2（xは1または2）の対応するビットをセットすることによりPICのI²Cモジュールが適切な波形を生成する．

（3）クロック周波数

マスターでクロックを生成するが，クロック周波数はSSPxADDレジスタに設定された値から以下のように決定される．

$$\text{クロック周波数} = Fosc/(4 \times (SSPxADD + 1)) \quad [\text{bps}]$$

クロック周波数が100kHz〜400kHzの範囲になるように値を設定する．なおスレーブモードでは，SSPxADDに自分のアドレスを設定する．

（4）I²C関連のSFR

I²Cに関連するSFRはSSPxSTAT, SSPxCON1, SSPxCON2（xは1または2）およびSSPxADDの4つのレジスタである．また前にも述べたようにSSPxSTATとSSPxCON1はSPIと共用し，SSPxCON2はI²Cの制御専用のレジスタである．

(a) SSPxSTATは通信状態を表すレジスタである．詳細は省略する．初期値として0x00を設定すればよい．

ビット	7	6	5	4	3	2	1	0
SSPxSTAT	SMP	CKE	D/$\overline{\text{A}}$	P	S	R/$\overline{\text{W}}$	UA	BF

SMP：スルーレート	S：Start シーケンス検出
CKE：SM バス基準に準拠するか否か	R/$\overline{\text{W}}$：Read/Write の区別
D/$\overline{\text{A}}$：Data/Address の区別	UA：アドレス更新要求
P: Stop シーケンス検出	BF：バッファ・フル状態か否か

図12.9 SSPxSTAT レジスタ(I²C関連)

(b) SSPxCON1では，SSPxENでSSP可とし，またSSPxM<3:0>でI²Cモードであること，およびマスター／スレーブの区別を指定する（SPIとは重複しないビットパターンが割り振られている）．またスレーブの場合はCKP=1とする．それ以外のビットについては説明を省略する．

ビット	7	6	5	4	3	2	1	0
SSPxCON1	WCOL	SSPxOV	SSPxEN	CKP		SSPxM<3:0>		

WCOL：write でデータ衝突検出
SSPxOV：read でオーバフロー検出
SSPxEN：SSP イネーブル
　1：SSP 可
　0：SSP 不可
CKP：（スレーブモードで有効）
　1：クロック有効
　0：クロックストレッチ

SSPxM<3:0>：I²C のモード,
　0110：I²C スレーブ, (7ビットアドレス)
　0111： 〃 , (10ビットアドレス)
　1000：I²C マスター, クロック=Fosc/(4*SSPxADD+1)
　1110：I²C スレーブ, 7ビットアドレスで
　　　　　START/STOP 割込み有効
　1111：I²C スレーブ, 10ビットアドレスで
　　　　　START/STOP 割込み有効

図12.10　SSPxCON1 レジスタ(I²C 関連)

(c) SSPxCON2は，以下のように用いる.

● Start/Stop Condition の送出

マスターでSEN=1とすればStart Conditionが，またPEN=1とすればStop Conditionがスレーブに送出される.

● マスターの受信許可

マスターでRCEN=1とすれば，マスター側が受信可（すなわちスレーブ側は送信可）となる.

● マスター受信でのACK・NOT-ACKの送信

マスターがスレーブからデータを受信した場合，ACKDTビットをACKまたはNO-ACKに設定し，続いてACKEN=1とすることによりACKDTビットがスレーブに送信される. なおNO-ACKはいわゆるBSC手順でのNAK(Negative Acknowledge)とは異なり，必ずしもデータ再送要求を意味しないことに注意すること. 再送要求の意味とするか否かはI²Cを使用するプログラムに任されている. また再送要求の意味とした場合にも，実際の再送処理はプログラムで行う必要がある.

以上の他にもGCENやACSTATなどのエントリがあるが，説明は省略する.

ビット	7	6	5	4	3	2	1	0
SSPxCON2	GCEN	ACTSTAT	ACTDT	ACKEN	RCEN	PEN	RSEN	SEN

GCEN：同報検出（スレーブのみ）
　1：同報アドレス
　0：禁止
ACKSTAT：ACK 検出（マスターのみ）
　1：スレーブからの ACK 未受信
　0：受信済み
ACKDT：ACK 送信（マスター受信中のみ）
　1：NO-ACK
　0：ACK を返信
ACKEN：ACK シーケンス許可
　（マスター受信中のみ）
　1：ACLDT ビットを送信する

RCEN：受信可（マスターのみ）
　1：受信許可
　0：禁止
PEN：Stop Condition 送信（マスターのみ）
　1：Stop Condition 送信
　0：Stop Condition は idle
RSEN：Repeat Start Condition 送信
　（マスターのみ）
　1：Repeat Start Condition を送信
　0：Repeat Start Condition は idle
SEN：Start Condition 送信（マスターのみ）

図12.11　SSPxCON2 レジスタ

12

(d) 先にも述べたように，マスター側ではSSPxADDでクロックのボーレートに対応する値を指定する．またスレーブ側ではSSPxADDで自分のアドレスを設定する．なお10ビットアドレスの場合については説明を省略する．

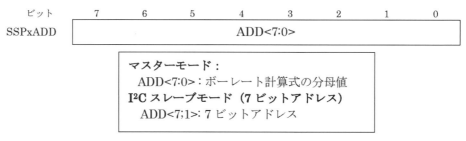

図12.12 SSPxADDレジスタ

12.3.2 I²Cインタフェースを有するLCDの接続

I²Cで接続できる種々の周辺デバイスが市販されている．ここでは，例としてLCDを取り上げる．通常のディジタルI/Oピンを用いたLCDとの接続方法については8章で述べたが，PICとLCD間で6本の信号線でつなぐ必要があり（V_{DD}, GNDを含めれば8本），かなり面倒であった．これに対し，I²Cで接続できるLCDが市販されている（図12.13）．このLCDは，SDAとSCLの2本の信号線だけで接続できる（V_{DD}, GNDを含めれば4本）．

実は，この装置のLCD本体は8章で紹介したものと同じインタフェースで動作するものであり，またI²Cの通信（スレーブとして）は装置の裏側に配置されている小さなマイコンが処理するような構成となっている．

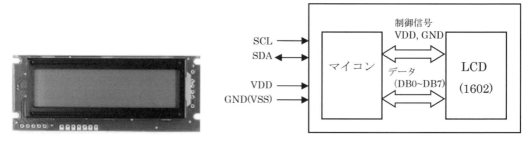

図12.13 I²C 接続 LCD
(Zieman社製, ACM1602NI)

図12.14 I²C接続LCDのブロック構成

(1) ACM1602NIとの通信

PIC 16F 827をマスターとし，ACM 1602NI-LCD（以下単にLCDと記す）をスレーブとして接続する．LCDのスレーブアドレスは製品の仕様により0xA0に固定されている．またこのLCDのボーレートは最大100kHzと規定されているから，ここでは50kHzで用いることにする．まずマスターとスレーブのSCL同士，SDA同士を接続する．なおLCDのV_{DD}は3.3Vであるので注意する必要がある．

図12.15のようなフォーマットで通信を行う（Start/Stop conditionやACKも簡単化のため1ビットのように表記する）.

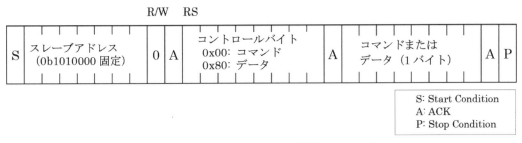

図 **12.15** ACM1602NI との通信フォーマット

① スレーブアドレスはLCDの仕様により10 (0b1010000)固定である. またR/Wビットは0(write)とする.

② 2バイト目はコントロールバイトであり, 先頭の1ビット(RS)で3バイト目の内容が「LCDに対するコマンド」か「LCDに表示するデータ」かの区別を行う.

③ 3バイト目で, LCDに対すコマンドまたはデータを送る. なおLCDに対するコマンドおよびデータのフォーマットや使用方法は第8章で述べたものと同じであるのでここでは省略する. ただし本装置でのLCDは8ビットモードで動作する点に注意すること.

（2）システム構成

図12.16のようにPICとLCDを接続する.

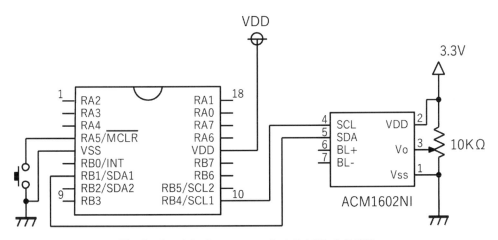

図 **12.16** I2C インタフェースによる LCD との接続

（3）I2C-LCD用ライブラリ・プログラムの作成

表12.3のような関数を用意する.

表12.3 I²C-LCD 用ライブラリ関数

項番	関数	機能	記事
1	void I2C_init(void)	SCL, SDAを入力モードとし，また WPUする． マスターモードに設定し，ボーレートを設定する．	
2	void I2C_start(void)	Start Condition を送出する．	
3	void I2C_stop(void)	Stop Conditionを送出する．	
4	void I2C_byte_write (unsigned char byte)	I²Cで1バイトのデータを送出する．	
5	void I2C_LCD_cmd_write (unsigned char command)	LCDコマンドを送出する． command: コマンド	
6	void I2C_LCD_data_write(char data)	LCDに出力するデータを送出する．	
7	void LCD_init(void)	LCDを初期設定する．	
8	void LCD_clear(void)	LCDの画面をクリアする．	カーソルは左上端に位置付けられる．
9	void LCD_locate (unsigned char row, unsigned char col)	カーソルを位置付ける． row: 行　col: 列	左上端を，row=0, col=0とする．
10	void LCD_putc(char c)	LCDに1文字を表示する． c: 文字	
11	void LCD_puts(char *string)	LCDに文字列を表示する． *string: 文字列へのポインタ	

　ここで，項番1～6はI²Cの通信インタフェースを実装したものである．また項番7～11はLCD利用プログラムからの呼び出し関数であり，8章のLCDから本章のLCDに乗り換えたい場合に，呼び出し側のプログラム修正をしなくても済むように8章のものと同じ関数名としている．さらに項番5, 6は両者を結合するためのインタフェース用の関数である．このように関数はレイヤ的に構成されていることに注意して欲しい．

　このライブラリ関数のプログラムをリスト12.2にしめす．なおこのプログラムはSSP1を対象としている．SSP2を使用する場合は，SCL, SDAのピンをSSP2用のものに変え，またプログラム内の「SSP1…」の部分を全て「SSP2…」にすればよい．

■ リスト12.2　I²C-LCD用ライブラリ関数

```
1  /**********************************************************
2       I2C_LCD lib
3  **********************************************************/
4  #include <xc.h>
5  #include "I2CLCD.h"
6  #define  _XTAL_FREQ  8000000
7
8  /*********** I2C Master 送信 **************/
9  void I2C_init(void)
10 {
11     TRISB |=0b00010010;            // RB4(SCL1),RB1(SDA1)を入力
12     OPTION_REGbits.nWPUEN = 0;     // 0:PORTB内部プルアップ利用に設定
```

```
13      WPUB |= 0b00010010 ;                  // RB4, RB2Aをウィークプルアップ
14      SSP1CON1 = 0b00101000;                // I2Cマスターモード指定
15      SSP1STAT = 0b00000000;                // I2C STATUSの設定
16      SSP1ADD  = 39;                        // I2Cクロック周波数50kHz=8MHz/(4*(39+1))
17      return;
18  }
19
20  void I2C_start(void)
21  {
22      SSP1CON2bits.SEN = 1;            // Start Condition 開始
23      while(SSP1CON2bits.SEN);         // Start Condition 確認
24      return;
25  }
26
27  void I2C_stop(void)
28  {
29      SSP1CON2bits.PEN=1;         // Stop Condition
30      while(SSP1CON2bits.PEN);    // Stop Condition 確認
31      return;
32  }
33
34  void I2C_byte_write (unsigned char byte)
35  {
36      SSP1IF=0;
37      SSP1BUF=byte;
38      while(!SSP1IF);
39      while(SSP1CON2bits.ACKSTAT); //  ACKが返ってくるまで待つ
40      SSP1IF=0;
41      return;
42  }
43
44  /***********  I2C_LCD用 ********************/
45
46  void I2C_LCD_cmd_write (unsigned char command)  // LCDコマンドの送出
47  {
48     I2C_start();
49     I2C_byte_write (0xA0);  // スレーブアドレス（固定）
50     I2C_byte_write (0x00);   // LCDのコマンド
51     I2C_byte_write (command);
52     I2C_stop();
53     return;
54  }
55
56  void I2C_LCD_data_write (char data)  // LCDに1文字転送
57  {
58     I2C_start();
59     I2C_byte_write (0xA0);  // スレーブアドレス（固定）
60     I2C_byte_write (0x80);   // LCD表示データ
61     I2C_byte_write (data);
62     I2C_stop();
```

12

```
63     return;
64 }
65
66 /*************** LCD制御用 ******************/
67
68 void LCD_init( void)
69 {
70     I2C_init();
71     I2C_LCD_cmd_write (0x38);  // Function Set:  8ビット，2行，5×10ドット
72     __delay_ms(5); //delay at least 5ms
73     I2C_LCD_cmd_write (0x0C);  // Display ON/OFF
74     __delay_ms(5);  //delay at least 5ms
75     I2C_LCD_cmd_write (0x06);  // Entry Mode Set: カーソルインクリメント方向=右，
76     // 表示シフト=オフ
77     __delay_ms(5); //delay at least 5ms
78     I2C_LCD_cmd_write (0x01);   // Clear Display
79     __delay_ms(5);  //delay at least 5ms
80     return;
81 }
82
83 void LCD_clear()
84 {
85     I2C_LCD_cmd_write (0x01);  // Clear Display
86     __delay_ms(5);
86     return;
88 }
89
90 void LCD_locate(unsigned char row, unsigned char col) // 2行LCD  row: 行  col: 列
91 {
92     unsigned char addr;
93     switch(row){
94         case 0: addr=0x00;
95                 break;
96         case 1: addr=0x40;
97                 break;
98     }
99     if(col>0x15)
100        col=0;
101    addr+=col;
102    addr|= 0x80;
103    I2C_LCD_cmd_write (addr); // カーソルセット
104    return;
105 }
106
107 void LCD_putc(char word)
108 {
109   I2C_LCD_data_write (word);
110   return;
111 }
112
```

```
113  void LCD_puts(char *string)
114  {
115    unsigned char i;
116    for(i=0; string[i]!='¥0'; ++i) {
117      LCD_putc(string[i]);
118      __delay_ms(5);
119    }
120    return;
121  }
```

説明　(数字は行番号)

内容は表12.2で述べた通りである.

　これらライブラリの関数名のプロトタイプを定義したヘッダファイル(I2CLCD.h)を作成しておく(ヘッダファイルの詳細については省略する). 実際にこれらのライブラリを使用する場合は, これまでと同様に, 上記ライブラリ・プログラムのファイルとヘッダファイルをプロジェクトに組み入れる.

　このライブラリを用いてLCDに文字列を表示するプログラム例は8章とほぼ同じであるので, ここでは省略する.

演習問題

12.1 以下はMSSPについての説明したものである. 正しいか否かを答えよ.
① MSSPの機能としてSPIとI²Cがある.
② MSSPでの通信はパラレル通信である.
③ MSSPでの通信方式はマスター/スレーブ方式である.
④ MSSPはUARTより長い距離の通信ができる.
⑤ MSSPはUARTより高速な通信ができる.

12.2 以下はSPIとI²Cの特徴を比較したものである. 正しいか否かを答えよ.
① SPIよりI²Cの方が高速な通信ができる.
② SPI, I²Cとも送受信用のクロックはマスターが供給する.
③ 複数のスレーブを接続する場合, 使用するピン数はSPIの方がI²Cより少ない.
④ スレーブを選択する方法はSPI, I²Cとも同じ方法である.

12

12.3 以下はSPIについて述べたものである．正しいか否かを答えよ.

① データの送信も受信も同じ1本のケーブルで行う.

② マスターのバッファとスレーブのバッファがリング状のシフトレジスタのようにデータの送受信が行われる.

③ 複数のスレーブを接続している場合，スレーブは随時マスターと通信できる.

④ 2個以上のスレーブを接続する場合，マスター側ではスレーブ選択用のピンとして1ピンを割り振ればよい.

12.4 以下はI²Cについて述べたものである．正しいか否かを答えよ.

① データの送信も受信も同じ1本のケーブルで行う.

② マスターは複数のスレーブと同時にデータの送受信ができる.

③ データ送受信も通信用クロックの送受信も同じ1本のケーブルで行う.

④ マスター側はデータの送信に先立ち，通信相手のスレーブのアドレスを送る.

付録A　CPUボードの作成

Making a CPU Board

A.1　概要

　種々のシステムを作成するためには，CPUと最小限の周辺装置だけを搭載したCPUボードを作成しておくのが良い．そこでブレッドボードを用いてこのCPUボードを作成する．作成例を図A.1にしめす．このCPUボードの特徴は以下の通りである．

- 小型のブレッドボードを用いているため，コンパクトであり，またジャンパ線等を用いて外部機器と容易に接続できる．
- 電源はマイクロUSBソケット経由で外部から5Vを供給する方法としている．このため電源回路の構成が簡単である（図の❷）．
- $\overline{\text{MCLR}}$ を有効としており，プッシュスイッチの押下によりシステムのリセットが可能である（図の❻）．
- 3.3Vの3端子レギュレータを用いて5Vから3.3Vに変換し，3.3V外部素子（LCDなど）に電力を供給することができる（図の❽，線で囲った部分）．
- ICSP用のピンを用意している．PICkit 4（図3.11）などを接続すれば，MPLABから直接プログラムを書き込んだり，In-circuit-debugなどができる（図の❾）．

　ICSPの各ピンの機能と注意点を表A.1にしめす．

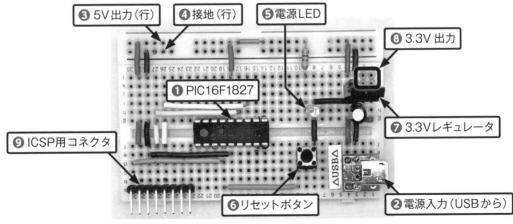

図A.1　CPUボード

表A.1 ICSPの各ピンの機能と注意点

番号	名称	機能	注意点
1	$\overline{\text{MCLR}}$/V$_{PP}$	以前のPICではプログラム書き込み時に＋12Vの電圧をV$_{PP}$に加えていたが，PIC16F1827では通常のV$_{DD}$で書き込める．その場合，本ピンは書き込み／検証のタイミングをとるために使用される．	コンデンサを接続しない．
2	V$_{DD}$	ターゲットPICのV$_{DD}$	ターゲットPICの電源をオンにしておく．
3	V$_{SS}$	グランド	
4	PGD (ICSPDAT)	プログラム書き込み時のデータ	ブルアップ抵抗を接続しない．コンデンサを接続しない．ダイオードを接続しない．
5	PGC (ICSPCLK)	プログラム書き込み時のクロック	同上
6	—	接続禁止	
7	—	将来的に予約	
8	—	同上	

A.2 部品

表A.2に，使用する部品（ジャンパ線などは除く）の一覧をしめす．

表A.2 CPUボードの部品

種別	部品	個数	記事
ブレッドボード	サンハヤト　SAD-101	1	
PIC	PIC16F1827	1	
プッシュスイッチ	小型	1	
3.3V3端子レギュレータ	New JRC社　300mA用	1	他のメーカ製でも可
コンデンサ	47μF（電解）	1	同上
	0.33μF	1	
LED		1	
抵抗	10kΩ	1	
	300Ω	1	
L型ピンヘッダ	ICSPコネクタとして使用	1×8（長いものを切断して使用）	A.4参照

A.3 回路

　図A.2に回路をしめす．ICSPコネクタのピンのうち使用するのは1～5番ピンのみであるが，PICkit 4のピンソケット数が8であるため，コネクタも8ピンとしている．

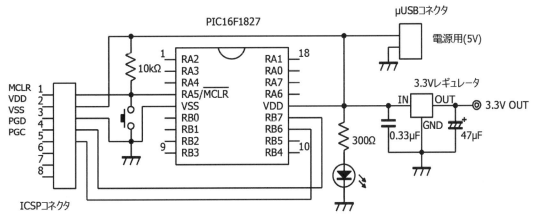

図A.2 CPUボードの回路

A.4 実装上の注意点

(1) ICSPコネクタ

　ICSPコネクタとしてL型ピンヘッダを使用する．なおL型ピンヘッダにもタイプによってピンの長さが異なり，ピンの長さが短いとブレッドボードやPICkit 4へ充分に差し込みができないことがある．そこで，差し込みピンの長さが6mm以上になるようなものを選ぶ．下図のピンヘッダでは，プラスチック製のフォルダがピンの1/2のところにあるが，これを一番奥まで押し込めば，左右，上下とも6mmほどのピンを差し込み用に使用できるようになる．

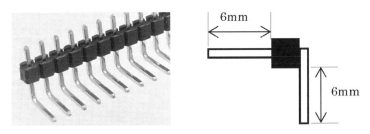

図A.3 ICSP用L型ピン

付録

　上記のようなピンヘッダが入手できない場合は，ユニバーサルプリント基板およびL型ピンヘッダ，I型ピンヘッダを使ってコネクタを自作する．まずユニバーサルプリント基板から必要な大きさを切り出し，またピンヘッダも必要な長さを切り出す．切り出したピンヘッダをプリント基板に半田付けする．具体的な作成方法は[2]の図書に掲載されている方法が参考になる

が，ブレッドボードへ差し込むピンは2列のI型ピンを用いれば，より安定して差し込みができるようになる.

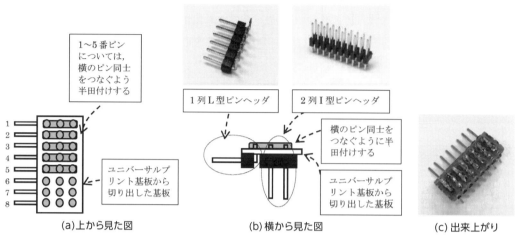

図A.4 ICSPコネクタの自作

(2) ICSP ピンへ回路接続

ICSPピンのPGC(RB6)，PGD(RB7)は通常の入出力ピンとして使用できるが，表A.1の注意事項に記載したように，これらのピンには，プルアップ抵抗，コンデンサ，ダイオードなどを接続してはならない．接続されているとICSPが正しく動作しない恐れがある.

B.1 各ピンの機能

PIC16F1827ではRA0~RA7, RB0~RB7は汎用的なディジタル入出力機能の他に各種機能用として使用できる. 図B.1および表B.1に各ピンに割り振られている機能の一覧をしめす. なお他にも多くに機能があるが, ここでは本書で説明している機能以外は省略している.

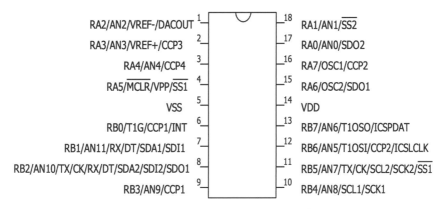

RA2/AN2/VREF-/DACOUT — 1 — 18 — RA1/AN1/$\overline{SS2}$
RA3/AN3/VREF+/CCP3 — 2 — 17 — RA0/AN0/SDO2
RA4/AN4/CCP4 — 3 — 16 — RA7/OSC1/CCP2
RA5/$\overline{MCLR}$/VPP/$\overline{SS1}$ — 4 — 15 — RA6/OSC2/SDO1
VSS — 5 — 14 — VDD
RB0/T1G/CCP1/INT — 6 — 13 — RB7/AN6/T1OSO/ICSPDAT
RB1/AN11/RX/DT/SDA1/SDI1 — 7 — 12 — RB6/AN5/T1OSI/CCP2/ICSLCLK
RB2/AN10/TX/CK/RX/DT/SDA2/SDI2/SDO1 — 8 — 11 — RB5/AN7/TX/CK/SCL2/SCK2/$\overline{SS1}$
RB3/AN9/CCP1 — 9 — 10 — RB4/AN8/SCL1/SCK1

図 B.1 PIC16F1827(18 ピン) のピン配置

表 **B.1** 各ピンの主要機能

ピン番号	機能	説明	ピン番号	機能	説明
1	RA2	ディジタル入出力	4	RA5	ディジタル入出力
	AN2	A/Dチャネル2入力		$\overline{MCLR}$	マスタクリア
	VREF-	A/D参照電圧 (-)		VPP	プログラミング電圧
	DACOUT	DAC出力		$\overline{SS1}$	SPIスレーブ選択1
2	RA3	ディジタル入出力	5	VSS	接地
	AN3	A/Dチャネル3入力	6	RB0	ディジタル入出力
	VREF+	A/D参照電圧(+)		T1G	タイマ1ゲート入力
	CCP3	CCP/PWM3		CCP1	CCP/PWM1
3	RA4	ディジタル入出力		INT	外部割り込み
	AN4	A/Dチャネル4入力			
	CCP4	CCP/PWM4			

ピン番号	機能	説明	ピン番号	機能	説明
7	RB1	ディジタル入出力	12	RB6	ディジタル入出力
	AN11	A/Dチャネル11入力		AN5	A/Dチャネル入力5
	RX	UART受信データ		T1OSI	タイマ1オシレータ接続
	DT	USARTデータ		CCP2	CCP/PWM2
	SDA1	I²Cデータ入出力1		ICSPCLK	ICSP用クロック
	SDI1	SPIデータ入力1	13	RB7	ディジタル入出力
8	RB2	ディジタル入出力		AN6	A/Dチャネル6入力
	AN10	A/Dチャネル10入力		T1OSO	タイマ1オシレータ接続
	TX	UART送信データ		ICSPDAT	ICSPデータI/O
	CK	USARTクロック	14	VDD	電源電圧
	RX	UART受信データ	15	RA6	ディジタル入出力
	DT	USARTデータ		OSC2	発振子接続
	SDA2	I²Cデータ入出力2		SDO1	SPIデータ出力1
	SDI2	SPIデータ入力2	16	RA7	ディジタル入出力
	SDO1	SPIデータ出力1		OSC1	発振子接続
9	RB3	ディジタル入出力		CCP2	CCP/PWM2
	AN9	A/Dチャネル9入力	17	RA0	ディジタル入出力
	CCP1	CCP/PWM1		AN0	A/Dチャネル0入力
10	RB4	ディジタル入出力		SDO2	SPIデータ出力2
	AN8	A/Dチャネル8入力	18	RA1	ディジタル入出力
	SCL1	I²Cクロック1		AN1	A/Dチャネル1入力
	SCK1	SPIクロック1		$\overline{SS2}$	SPIスレーブ選択2
11	RB5	ディジタル入出力			
	AN7	A/Dチャネル7入力			
	TX	UART送信データ			
	CK	USARTクロック			
	SCL2	I²Cクロック2			
	SCK2	SPIクロック2			
	$\overline{SS1}$	SPIスレーブ選択1			

B.2 APFCONレジスタ

上述のように，同じラベルが2つのピンに（例えばRXはRB1とRB2に）割り振られているものがあるが，どちらのピンを選択するかはAPFCON0レジスタまたはAPFCON1レジスタで指定する必要がある．ただし両レジスタとも初期値は0x00であるから，0ビットに対応するピンがデフォルトになる．

APFCON0

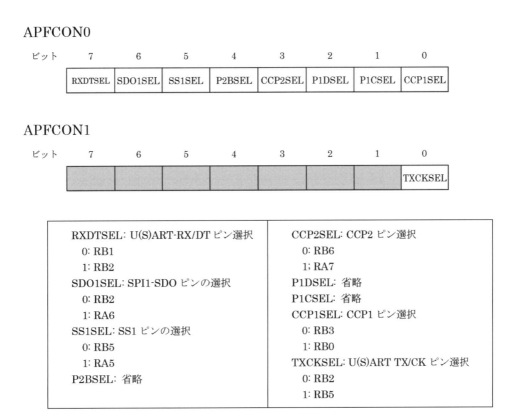

APFCON1

図B.2 APFCONレジスタ

C.1 データ型

（1）整数データ型

整数型	サイズ（ビット）	範囲	名称
bit	1	0 ～ 1	ビット型
unsigned char	8	0 ～ 255	符号なし8ビット整数
signed char char	8	−128 ～ +127	符号付き8ビット整数
unsigned short unsigned short int unsigned int unsigned	16	0 ～ 65535	符号なし16ビット整数
signed short signed short int short signed int int	16	−32768 ～ +32767	符号付き16ビット整数
unsigned long unsigned long long	32	0 ～ 4294967295	符号なし32ビット整数
signed long signed long long long long long	32	−2147483648 ～ 2147483647	符号付き32ビット整数

（2）浮動小数点型

浮動小数点型	サイズ（ビット）	範囲
float double	24または32（IEEE754）	符号1ビット，指数部8ビット， 仮数部15または23ビット

C.2 演算子

種別	記号	機能	使用例, 意味
算術演算子	+	加算	
	−	減算	
	*	積算	
	/	除算	
	%	剰余	
関係演算子	>	大きい	
	>=	等しいか大きい	
	<	小さい	
	<=	等しいか小さい	
	==	等しい	
	!=	等しくない	
論理演算子	&&	論理積 (AND)	a && b　aとbが共に真
	||	論理和 (OR)	a || b　　aまたはbが真
	!	否定 (NOT)	!a
ビット演算子	&	ビット単位のAND	
	|	ビット単位のOR	
	^	ビット単位のXOR	
	<<	左シフト	a<<b　　aをbビット左シフト
	>>	右シフト	a>>b　　aをbビット右シフト
	~	ビット単位の反転	~a　　　aの各ビットを反転
条件演算子	? :		a? b : c　aが真ならb, 偽ならc

C.3 リテラル定数の型と書式

基数	書式	例
2進数	0b number または 0B number	0b10011010
8進数	0 number	0763
10進数	number	129
16進数	0x number または 0X number	0x2F

C.4 型修飾子

● const型修飾子

const型修飾子は, そのオブジェクトが読み出し専用である (変更されない) という事をコンパイラに伝えるために使う. const 宣言されたオブジェクトに対して変更が試みられた場合, コンパイラは警告またはエラーを出力する.

（例）const int version = 3;

この場合, versionはint型変数としてプログラムメモリ内に配置され, 常に値3を保持する. この値をプログラムによって変更する事はできない.

付録

● volatile 型修飾子

volatile 型修飾子は，そのオブジェクトの値が一連のアクセスの間で保持されるとは保証できないという事をコンパイラに伝えるために使う．volatile 宣言は，そのオブジェクトに対する明らかに重複した参照が，自動最適化処理により，意図せず削除されてしまう（それによってプログラムの動作が変わってしまう）事を防ぐ．例えば，ハードウェアによって変更可能なSFRまたはハードウェアを駆動するSFRは全てvolatileとして修飾されている．また，割り込みルーチンによって変更される可能性があって，メインルーチン等と共有する構成となっている全ての変数についても，この修飾子を使う必要がある．

C.5　static/auto 変数

static変数はプログラムが動作している間，永続的に値を保持し続けている．auto変数は関数の中で宣言され，そのローカルな関数の実行開始時から終了時までの間，その値を保持する．ローカルなstatic変数の場合，そのスコープは，それらが宣言された関数内またはブロック内に制限されるが，auto 変数とは異なり，割り当てられたメモリの内容はプログラム実行の全期間を通して保持される．

XC8コンパイラがターゲットとする8ビットPICデバイスの場合，データメモリのサイズがとても小さい．一般に，プログラムの関数内でローカル変数を宣言すると，データメモリ内に，その関数毎に宣言した変数シンボル名でもって予約される．通常のコンピュータと異なりPICはメモリ空間が小さいため，関数同士でデータメモリ領域の共有を積極的に行う．それにより，データメモリの使用量の抑制を図っている．すなわち，static/auto変数の違いを意識してプログラミングすることは，誤動作を防ぐために重要である．

C.6　メイン，スタートアップ，リセット

識別子mainは特殊であり，これはプログラム内で最初に実行する関数の名前として使う必要がある．つまりプログラム内にはmain( )という名前の関数が1つ存在する事が必須である．しかし実際のところ，リセット後に最初に実行されるのはmain( )関数のコードではなく，コンパイラが自動生成する追加コード（スタートアップコードと呼ぶ）である．このコードは制御をmain( )関数に渡す働きをする．

スタートアップ処理では，変数領域のクリア，初期化済み変数領域の初期設定等が行われる．ただしPICマイコンが備えるSFR等の初期設定は行われないので，必要に応じてユーザがmain( )関数の冒頭に記述しなければならない．

main( )関数の終端にはreturnが記述されるべきであるが，その有無に関係なく，終端に達すると，PICプログラムコードのアドレス0番にジャンプするよう，コンパイラによってコード（リセットベクタジャンプコード）が挿入される．すなわちソフトウェアリセットがかかる．しかしハードウェアリセットのときとソフトウェアリセットでは，SFRの初期値設定に違いが生じるため，誤動作の原因になりかねない．そこで通常，main( )関数が終端に達しない，つまり無限ループに入るように記述するのが望ましい．

付録 D プログラムのデバッグ

Debugging a Program

D.1 概要

　プログラムのビルドに成功し，また実機へバイナリコードを書き込めば，直ちにそのプログラムの実行が開始される．しかしマイコンにはLinuxの標準入出力のような機能は無いため，作成したプログラムが予定した通りに正しく動作しているかどうかを確認することはなかなか難しい．

　ここでは，マイコンプログラムのデバッグ方法として，実機を用いずMPLAB X IDEのシミュレータを用いて行う方法，およびパソコン(PC)と実機（マイコンボード）とをPICkit 4で接続し，ボード上でプログラムを実際に走行させながら行うインサーキット・デバッグ (In Circuit Debug : ICD)法の2つについて概要を説明する．

　なおMPLAB X IDEのシミュレータについては，3章でも述べた「MPLAB X IDEユーザガイド」に詳細な説明がある．またPICkit 4のICD機能についても，日本語マニュアル「PICkit 4インサーキット デバッガユーザガイド」がマイクロチップ・テクノロジー・ジャパン社のホームページからダウンロードできる．詳細については適宜これらのマニュアルを参照して欲しい．

D.2 MPLAB X IDEのシミュレータ機能によるデバッグ

(1) シミュレータの起動と停止

　MPLAB X IDEにはPICマイコンのシミュレータ機能が組み込まれている．これを使用するためには，プロジェクトのプロパティにおいて，デバッグツールとして[Simulator]を指定しておく必要がある．次に，MPLAB X IDEのメニューバーで[Debug]>[Debug Main Project]コマンドを選択する．これにより通常のコンパイルとは異なるデバッグ専用のバイナリコードが生成される．なおバイナリコードが生成されるとすぐにプログラムの実行が開始されるため，あらかじめプログラムの適当な箇所に，次に述べるようなブレークポイントを設定しておき，そこで一旦停止するようにしておくのが良い．シミュレータを終了するには，[Debug]>[Finish Debugger Session]を選択する．

　なお [Debug]メニュー配下には，以下でも説明するような各種コマンドがある．主要なコマンドを表D.1にしめす．またデバッグ用ツールバーが表示されていれば，そこで表D.1に記されているようなアイコンを選択することによっても各コマンドを実行することができる．

表D.1　デバッグ用コマンド

コマンド	アイコン	動作
コードの実行		デバッグモードでプログラムコードを実行
実行の一時停止		プログラムコードの実行を一時停止
実行の再開		プログラムコードの実行を再開
実行の終了		プログラムコードの実行を終了
Step Over		コードを1行実行する．その行が関数コールである場合，呼び出した関数全体を実行して停止する．
Step Into		コードを1行実行する．Step Overと異なり，その行が関数コールである場合，呼び出された関数の先頭で停止する．
Step Out		1行実行するが，その行が呼び出された関数であった場合，呼び出し元に戻る．
Run to Cursor		カーソル位置まで実行して停止する．

(2) ブレークポイントの設定

エディタウィンドウでソーププログラムを表示させ，その行番号をクリックすると，その箇所にブレークポイントが設定され，また行全体が赤色（29行目，33行目．印刷では灰色）でしめされる（図D.1）．またブレークポイントを解除するには，設定されたブレークポイントの行番号を再度クリックすればよい．

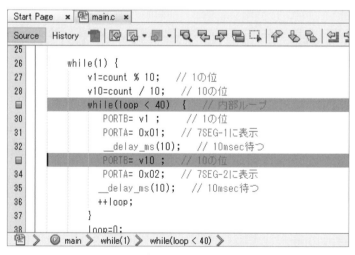

```
Start Page  ×   main.c  ×
Source  History

25
26         while(1) {
27             v1=count % 10;    // 1の位
28             v10=count / 10;   // 10の位
□              while(loop < 40) {    // 内部ループ
30                 PORTB= v1 ;       // 1の位
31                 PORTA= 0x01;      // 7SEG-1に表示
32                 __delay_ms(10);   // 10msec待つ
□                  PORTB= v10 ;      // 10の位
34                 PORTA= 0x02;      // 7SEG-2に表示
35                 __delay_ms(10);   // 10msec待つ
36                 ++loop;
37             }
38             loop=0;

    main    while(1)    while(loop < 40)
```

図D.1　ブレークポイントの設定

(3) コードの実行，一時停止，再開

先に述べたように，シミュレータを起動すると，デバッグ用プログラムコードが生成され，生成が正常に終了したら直ちにコードが実行される．コード実行中にブレークポイントに到達

するか，または[Debug]>[Pause]を指定すると実行は一時停止され，停止箇所の行（29行目）が緑色でしめされる（図D.2，印刷では明灰色）．停止した箇所の文はまだ実行されていない．一時停止したプログラム実行を再開するには，[Debug]>[Continue]を指定する．

図D.2　コード実行の一時停止

（4）FSRや変数の表示

　プログラムが一時停止しているときには，変数やFSRの値を表示させることができる．まず一時停止した行の変数名のところにマウスカーソルを置くと，その変数のその時点での値が表示される（図D.2）．また [Windows]>[Debugging]>[Variables]を選択すれば，変数を指定するウィンドウが現れるから，そこに表示させたい変数の名前を指定する（図D.3）

Output	SFRs	Variables ×	Call Stack	Breakpoints	Sessions	
	Name	Type		Address	Value	Decimal
☑ 🔻v1		unsigned char		0x20	NUL; 0x0	0
☑ 🔻loop		unsigned char		0x22	STX; 0x2	2
📄 \<Enter new watch\>						
◇v10		unsigned char		0x21	NUL; 0x0	0

図D.3　変数の値の表示

　[Windows]>[Target Memory Views]>[SFRs]を選択するか，図D.3で[SFRs]のタブをクリックすれば，各SFRの値が表示される（図D.4）．

Output	SFRs ×	Variables	Call Stack	Breakpoints	Sessions
	Address /	Close Window	Decimal	Binary	Char
	00A	PCLATH 0x07	7	00000111	'.'
	00B	INTCON 0x00	0	00000000	'.'
	00C	PORTA 0x21	33	00100001	'!'
	00D	PORTB 0x00	0	00000000	'.'
	011	PIR1 0x10	16	00010000	'.'

図D.4　SFR の値の表示

　さらに，表示した変数やSFRの値を変更することもできる（ただしハードウェアで自動的に更新されるプログラムカウンタ(PC)などの特殊なSFRは除く）．これにより，例えばある入力デバイスに対応するPORTレジスタのビットをオン／オフすることにより，入力デバイスの動作をシミュレートしながらプログラムのデバッグを行うことができる．

付録

(5) ストップウォッチの使用

シミュレータのストップウォッチ機能を使うことにより，ブレークポイント間の処理時間を計測することができる．ストップウォッチを使うにはまずプロジェクトのプロパティでオシレータの周波数(Fosc)および命令周波数(Fcyc)を設定する必要がある．[Conf]>[Simulator]>[Oscillator Options]で，Fosc=8 MHz, Fcyc=2 MHzに設定する（図D.5）．もしロックされていれば，[Unlock]をクリックしてロックを解除しておく．

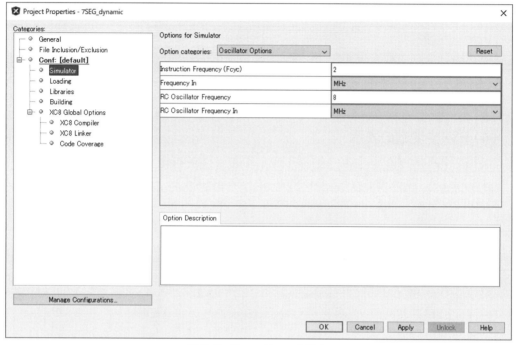

図D.5 Fosc, Fcyc の指定

ストップウォッチを起動するには，計測開始ポイントで一時停止させ，[Window] > [Debugging] > [Stopwatch]を選択すると，[Output]ウィンドウに[Stopwatch]ウィンドウが表示されるので，[Clear History]（🗑のアイコン）をクリックしてストップウォッチをゼロにリセットする．そして計測終了のブレークポイントまで実行させると，[Output]>[Stopwatch]ウィンドウに2つのブレークポイント間で実行されたハードウエア命令数と処理時間が表示される（図D.6）．

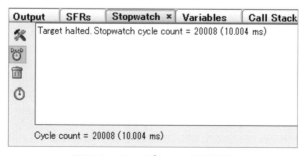

図D.6 ストップウォッチの表示

D.3 PICkit4 ICDによるインサーキット・デバッグ

パソコン(PC)と実機（マイコンボード）とをPICkit4で接続し，ボード上でプログラムを実際に走行させながらデバッグ（インサーキット・デバッグ：ICD）を行うことができる．シミュレータの場合と同様に，まずMPLAB X IDEのメニューバーで[Debug]>[Debug Main Project]コマンドを選択すると，デバッグモードのバイナリコードが生成され，ボードに書き込まれ，デバッグ動作が開始される．

以降は，シミュレータの場合と同じ方法でブレークポイントでの一時停止，ステップごとの実行，一時停止中での変数やSFRの値の参照などを行うことができる．これにより実機での動作を実際に確認することができる．

ただし，以下の点に注意すること．

- ストップウォッチは使用できない．
- ブレークポイント等でPORTレジスタなどを手動で一時的に書き換えることはできるが，実機での回路の接続状況に反する値には設定できない（設定しても，ハードウェアで直ちに書き換えられる）．
- インサーキット・デバッグを行なっている最中は，RGC(RB5), RGD(RB7)ピンはPICkit4とPC間でのデバッグ情報の送受に使用される．したがってこれらのピンを他の目的（例えば周辺装置とのI/O処理）に使用しているようなシステムについては，PICkit4を用いたICDを行うことはできない．

付録

1章 マイコンとは

1.1 1つのICの中にCPU，ROM，RAM，入出力などの動作に必要なすべてのハードウェアを実装したマイコンは「ワンチップマイコン」と呼ばれる．

1.2 ①：○　②：×　③：×　④：○　⑤：×

1.3 (a)

1.4 以下のような利点がある．
- ワンチップマイコン　・小型　・低価格　・低消費電力　・各種機能モジュールを搭載
- 用途に応じた種々の機種が存在　・無料のプログラム統合開発環境

2章 PIC16F1827の構成と動作

2.1 (a)

2.2 (b)

2.3 (d)

2.4 システムクロックサイクル時間は1命令サイクル時間の1/4．周波数はシステムクロックサイクル時間の逆数であるので，正解は(c)．

2.5 パイプライン処理は図2.5のように現在命令実行と次の命令フェッチをオーバラップさせて並列的に実行するので，4個の命令の実行には5クロックサイクルがかかる．正解は(e)

2.6 (c)

3章 プログラムの作成

3.1 ⑤

3.2 ①：○　②：×（一般の変数と同じメモリ領域→プログラムメモリ領域）
③：○　④：×　⑤：×　⑥：×（$T_{OSC}=1/F_{OSC}=0.1\mu s$）

3.3 ①：×（unsigned char に格納できる値は255まで）　②：○
③：×（RB8ピンはない）　④：×（TRISBビットの値は1または0のみ）　⑥：○

3.4
① unsigned char num; ② char moji;
③ int total=300;（255を超えているのでint型とする）

3.5
(a) 図3.8のように，RA6, RA7間にクリスタルオシレータを接続する．

(b) #pragma config FOSC=HSとする．

(c) __delay_ms(), __delay_us()を使うのであれば，
#define _XTAL_FREQ 10000000とする．

(d) OSCCON=0x00とする．

(e) シミュレータでストップウォッチを使う場合は，MPLAB IDEでプロジェクトの
[Properties] >[Conf:]>[Simulator]の順で画面を表示させ，そこで「命令実行周波数
Fcyc(=Fosc/4)を2.5MHz」に設定する．

4章　I/Oポートと基本的なディジタルI/O処理

4.1
R=(3-2)V/0.01A=100Ω

4.2
① 1, 2, 4, 5 （TRISAのビットが1）
② 0, 3, 5 （TRISBのビットが0でPORTBのビットが1）

4.3 26行を以下のように変更
if(RA2 == 0) → if(RA2 == 1)

4.4 以下のようにする．

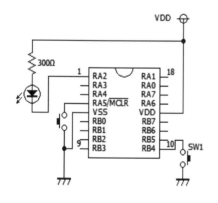

```
19～20行を以下のように変更
    TRISA=0x00;
    TRISB=0x10;
21行目あたりに以下を追加
    WPUB4=1;
25～29行を以下のように変更
    while(1){
        if(RB4 == 0)
            RA2=~RA2;   // ON_OFF
        else
            RA2=1;      // OFF
        ：
```

4.5 入力モードのピンにプログラムから値をセットしようとしてもハードウェア的に無視され，
その時の入力値が保持される．

4.6

(a) 0x01　　(b) 0x01　　(c) 1

(d) 0x0F（8 ～ 16行を右図のように，RA0…RA3
の順番にチェックするようにしてもよい．しか
しプログラムの行数が増える．これに対しシフ
ト演算を使えばプログラムが簡潔になる．ただ
し，このシステムでは#configでMCLRE=ON
と設定しているためRA5ピンは入力モードとな
り，また値はWPUにより1となっている．した
がって，15行目のシフトでは，下位4ビットだ
けをシフト対象としなければならないことに注
意すること）．

```
if (RA0==1) {
    RA0=0;
    RA1=1;
}
else if (RA1==1) {
    RA1=0;
    RA2=1;
}
:
else {   // RA3 がオン
    RA3=0;
    RA0=1;
}
```

5章　7セグメントLEDへの数字の表示

5.1　31行～ 38行のループを1回実行する時間は，2回の__delay_ms(10)以外は無視できる．し
たがって，20ms×50=1000ms，すなわち(b)が正解．

5.2　NOTゲートを付けない場合，PORTBのピンの値と対応する
LEDのオン・オフは右図のようになる．したがって，PORTAの値
に対応するseg[ ]をビット反転してPORTBに代入すればよい．具体
的には，リスト5.1の27行目を以下のように修正する．

ピン	LED
H(1)	オフ
L(0)	オン

　　PORTB=~seg[i];　// 対応するa, b, …, gをオン

5.3　図のように構成する．

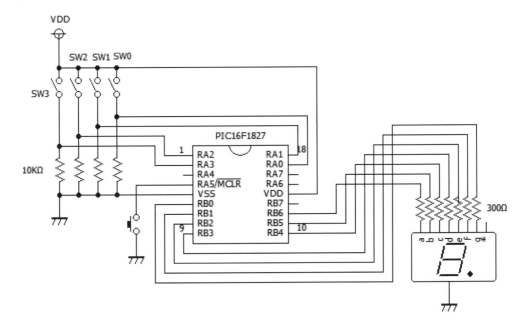

5.4 16進数の0x6Dは，2進数で0110 1101である．P7が最上位ビット，P0が最下位ビットであるから，P0, P2, P3, P5, P6ピンが1である．したがってa, c, d, f, gのLEDセグメントが点灯するから，(c)が正解である．

5.5 a, b, c, d, g, DPのLEDセグメントを点灯する必要がある．したがって2進数で1100 1111，16進数で0xCFを出力する．(b)が正解である．

6章　割り込み

6.1 ②

6.2 OPTION_REG=0x00とする．

6.3 (a) INTF　　(b) INTE　　(c) 1　　(d) 1　　(e) 0

7章　タイマ制御

7.1 Fosc=8 MHzでプリスケール値=16であるから，タイマ0は$(1/8)\times4\times16=8$ [μs]ごとにカウントアップされる．そこで1000/8=125回でオーバフローするようにすればよい．したがって，初期値を256-125=131とする．

7.2 以下のように処理する（main関数は下図参照．割り込み処理ルーチンは省略）．

- タイマ0割り込みが発生したら，割り込み処理ルーチンで大域変数のフラグ(T_1_f)を1にする．
- main関数ではT_1_fフラグが1であれば以下の処理を行う．
- 100msをカウントするカウンタ(T_100)をインクリメントし，100になったらLED-Aを反転する．またT_100を0にする．
- 同様に，350msをカウントするカウンタ(T_350)をインクリメントし，350になったらLED-Bを反転する．またT_350を0にする．

  （なおT_100はunsigned char型でよいが，T_350はunsigned int型とする．unsigned charでは255までしかカウントできないためである）

- T_1_fをリセット(0に)する．
- 以上の処理を繰り返す．

```
unsigned char T_1_f=0;

main()
{
 unsigned char T_100=0;
 unsigned int T_350=0;

 初期設定;
 TMR0=131;
 タイマ0割込み可;
 while(1) {
   if(T_1_f==1) {
     ++T_100;   ++T_350;
                            if(T_100==100) {
                              LED-A を反転;
                              T_100=0;
                            }
                            if(T_350==350) {
                              LED-B を反転;
                              T_350=0;
                            }
                            T_1_f=0;
                          }
                        }
                      }
```

7.3 Fosc=8MHz，クロックソース=Fosc/4，プリスケール値=2であるからタイマ1は1μsごとにカウントアップされる．また音速が340m/sであるから，1μsで進む距離[cm]は，$340 \times 10^2 \times 10^{-6}$=0.034[cm]である．したがって距離Dは

D=0.034×T/2=0.017×T [cm]

で求めることができる．

8章　LCDの接続

8.1　(c)

8.2　LCDでは，一旦出力された文字は自動的にクリアされないため．もし長い文字列を出力した同じアドレスに短い文字列を出力すると，前の文字列のはみ出した部分が表示されたままになる．

8.3　リスト8.3の44行目の前に，以下を追加

LCD_putc(num+0x30); // numをアスキー数字に変換して出力

LCD_putc('.'); // '.'を出力

8.4　以下のような変数を定義する

char hex[]="0123456789ABCDE";

unsigned char upper, lower;

abcの上位4ビットをupperに，下位4ビットをlowerに取り出し，hex[upper]とhex[lower]を出力する．

upper=abc>>4;

lower=abc&0x04;

LCD_putc(hex[upper]);

LCD_putc(hex[lower]);

8.5　"Hello", "Hdlln"を16進数で表すと以下のようである．

Hello : 48 65 6c 6c 6f

Hdlln : 48 64 6c 6c 6e

2バイト目，5バイト目で，1バイト（8ビット）の最下位ビットが1であるべきところが0になっていることが分かる．

したがって，DB4が0になっている，すなわちエラーの原因は(c)であろうと推測される．

（注）DB4が常に0になると，初期設定のコマンドシーケンス（表8.3）において，3回の8ビットモード設定（ステップ2〜4）コマンドが4ビットモード設定コマンドに化けるが，これは実害ない．

U／L	…	4	5	6	7
0	…	@	P	`	p
1		A	Q	a	q
2		B	R	b	r
3		C	S	c	s
4	…	D	T	d	t
5		E	U	e	u
6		F	V	f	v
7		G	W	g	w
8	…	H	X	h	x
9		I	Y	i	y
A		J	Z	j	z
B		K	[	k	{
C	…	L	¥	l	|
D		M	]	m	}
E		N	^	n	
F		O	_	o	

9章　UART/USARTによるシリアル通信

9.1　①：○　　②：×　　③：×　　④：×

9.2　①：×　　②：○　　③：×　　④：○

9.3　①：×　　②：○　　③：×　　④：○

9.4　通信速度（ボーレート）がPICとパソコン(TeraTerm)で一致していないため．（この例では，PIC: 9600bps, TeraTerm: 2400bpsに設定している）

9.5　漢字コードがPICとパソコン(TeraTerm)で一致していないため（この例では，PIC：UTF-8, TeraTerm：SJISに設定している）

10章　AD, DA変換

10.1　量子化誤差とは，連続しているアナログ値を階段状のディジタル値に変換する際に生じる丸め誤差のことである．量子化の際には，$\mp 1/2$ LSB（Least Significant Bit，最下位桁）だけ誤差を含む可能性がある．したがって③が正解．

10.2

5ビット：$2^5 = 32$ であるから，32レベルに変換

8ビット：$2^8 = 256$ であるから，256レベルに変換

10.3　x桁とすると，$10^x \leq 2^{10}$ であるようなxを求めればよい．両辺の対数をとれば，$x \leq \log 2^{10} = 3.01\cdots$，すなわち有効桁は3桁である．

10.4　例えば，以下のようなものがある．

加速度センサー：センサーの傾きや動きを検出する．静電容量の変化を検出する方式のもの，ピエゾ抵抗を用いる方式のものなどがある．傾きを重力の加速度方向により検出する．スマホ画面の縦横表示の切り替えなどに利用される．また，ゲーム機では動き検出に利用される．

湿度センサー：湿度を測定する．単体のセンサーとしては有機ポリマーが使用されている．交流(500 Hz~2 kHz, max 1.5V)で駆動し，インピーダンスが指数関数的に変化する特性を利用する．したがってセンサーを単体で使用するのはなかなか困難である．そこで最近ではセンサーモジュールとして構成されることが多い．

圧力センサー：気圧や水圧，血圧など測定する．ピエゾ抵抗を利用している．圧力で歪むと抵抗値が変化する特性を利用する．得られた圧力から高度値や水深値に変換することもできる．本センサーも圧力と出力電圧が非線形であり，また温度補償が必要なことから，センサーモジュールとして構成されることが多い．

11章　CCP機能

11.1　周波数が500Hzの信号の周期(T_P)は2msである．したがってデューティ比はT_{ON}/T_P＝500s/2 ms＝1/4．したがって，(a)が正解．

11.2

(1) PWM周期の式により

$$PWM周期＝(PRy+1)×4×Tosc×(TMRyプリスケール値)$$
$$＝256×4×(1/10\ MHz)×4＝0.4096ms$$

(2) デューティ比の式により，

$$0.5＝(CCPxL+1)/(PRy+1)＝(CCPxL+1)/256$$

したがって，$CCPxL＝0.5×256-1＝127$

11.3　PWM周期の式により

$$1/2\ kHz＝(PRy+1)×4×(1/8\ MHz)×(TMRyプリスケール値)$$
$$(PRy+1)×(TMRyプリスケール値)＝1000$$

PRyレジスタは8ビットなので，取れる値は0 ～ 255．一方TMRyプリスケール値は 1, 4, 16, 64の中から選択することを考えると，TMRyプリスケール値＝4, PRy ＝ 249となる．

11.4　リスト11.1の44行目でAD変換の値をそのままCCPR1Lに代入している(CCPR1L＝ADRESH)．もしAD変換結果がPR2の値より大きくなれば，PWMはオフにならない．

(a)はPR2＝255（すなわち8ビットで0xFF）の場合である．RA4に比例してデューティ比も大きくなる．

(b)はPR2＝127の場合である．0≦CCPR1L＜126まではRA4の電圧に比例してデューティ比も増加するが，127≦CCPR1LになるとPWMはオフにならず，デューティ比は1.0になったままとなる．

(c)はPR2＝255とし，かつADRESHの1/2をCCPR1Lに設定する(CCPR1L＝ADRESH>>1)と，この図のようになる．

以上より，(b)が正解

12章　MSSP

12.1　①：○　　②：×　　③：○　　④：×　　⑤：○

12.2　①：×　　②：○　　③：×　　④：×

12.3　①：×　　②：○　　③：×　　④：×

12.4　①：○　　②：×　　③：×　　④：○

■ 参考図書

[1] 後閑 哲也：『PICマイコンの基礎』，毎日コミュニケーションズ，2011．

[2] 高田 直人：『1ランク上のPICマイコンプログラミング』，東京電機大学出版会，2013．

[3] 堀 桂太郎：『図解 PICマイコン実習 第2版』，森北出版，2014．

[4] 後閑 哲也：『電子工作のためのPIC16F1ファミリ活用ガイドブック』，技術評論社，2013．

[5] Microchip Technology Inc.：「PIC 16(L)F 1826/ 27 Data Sheet- 18/ 20/ 28-Pin Flash MCU with nanoWatt XLP」，DS41391．

[6] Microchip Technology Inc：「MPLAB XC8 入門ガイド」，DS50002173A_JP．

[7] Microchip Technology Inc：「MPLAB XC8 C Compiler User's Guide」，DS50002053G．

[8] 日立製作所：HD 44780U(LCD-II)(Dot Matrix Liquid Crystal Display Controller/Driver)，ADE-207-272(Z)，1999．

[9] SUNLIKE DISPLAY TECHNOLOGY CO.：「SPECIFICATIONS FOR LIQUID CRYSTAL DISPLAY MODULE (MODEL NO：SC 1602BSLB-XA-GB-K)」，2018．

索 引

■ 著者紹介

Moshnyaga Vasily（モシニャガ　ワシリー）

1980年　セバストポリ国立工科大学コンピュータ工学部卒業

1986年　モスクワ航空大学大学院ラジオエレクトロニクス工学研究科博士課程修了

1986年　キシネフ工科大学　上級講師

1989年　同大学　准教授

1992年　京都大学工学部　講師

1998年　福岡大学工学部　准教授

2000年　同大学　教授（現在に至る），Ph.D.（工学）

森元　逞（もりもと　つよし）

1970年　九州大学大学院工学研究科修士課程修了

1970年　日本電信電話公社（現NTT）入社　電気通信研究所配属

1987年　株式会社　国際電気通信基礎技術研究所（ATR）

1998年　福岡大学工学部電子情報工学科　教授

2016年　同大学　定年退職

現在　　福岡大学名誉教授，博士（工学）

主な著書『Cをさらに理解しながら学ぶデータ構造とアルゴリズム』共立出版，2007.

橋本　浩二（はしもと　こうじ）

1999年　九州大学大学院システム情報科学府情報工学専攻修士課程修了

2002年　九州大学大学院システム情報科学府情報理学専攻博士後期課程修了

2002年　セイコーエプソン株式会社半導体事業部　入社

2005年　福岡大学工学部電子情報工学科　助手

2007年　同大学　助教（現在に至る），博士（工学）

マイクロコンピュータ入門

高性能な8ビットPICマイコンの
C言語によるプログラミング

Introduction to Microcomputers
―Programing a High-performance 8-bit PIC Microcomputer in C

2022年4月15日　初版1刷発行

著　者	モシニャガ ワシリー 森元 遑　　　　©2022 橋本 浩二
発行者	南條 光章
発行所	**共立出版株式会社**

〒112-0006
東京都文京区小日向4-6-19
電話番号　03-3947-2511（代表）
振替口座 00110-2-57035
URL　www.kyoritsu-pub.co.jp/

DTP デザイン	Iwai Design
印　刷	新日本印刷
製　本	ブロケード

一般社団法人
自然科学書協会
会員

検印廃止
NDC 548.22, 007.822

ISBN 978-4-320-12485-1　Printed in Japan